工业和信息化高职高专
"十二五"规划教材立项项目

高等职业院校
机电类"十二五"规划教材

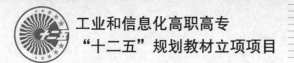

机械设计
基础
（第2版）

Fundamentals of
Mechanical Design (2nd Edition)

◎ 陈桂芳 田子欣 王凤娟 主编
◎ 辛百灵 王素粉 朱晓光 副主编

人民邮电出版社
北京

精品系列

图书在版编目（CIP）数据

机械设计基础 / 陈桂芳，田子欣，王凤娟主编. --
2版. -- 北京：人民邮电出版社，2012.9（2020.9重印）
高等职业院校机电类"十二五"规划教材
ISBN 978-7-115-28949-0

Ⅰ．①机… Ⅱ．①陈… ②田… ③王… Ⅲ．①机械设
计－高等职业教育－教材 Ⅳ．①TH122

中国版本图书馆CIP数据核字（2012）第177536号

内 容 提 要

本书是根据高等职业教育人才培养的要求而编写的。在编写理念上力求基础理论以应用为目的，以必需、够用为度，贯彻理论联系实际的原则，突出理论知识的应用，加强针对性和应用性。

本书主要内容包括常用机构、常用机械传动、常用机械零件和生产项目综合实训 4 部分，共计 10 章，主要包括平面机构运动、平面连杆机构、凸轮机构、间歇运动机构、挠性件传动、齿轮传动、轮系、支承零部件、连接以及生产项目——减速器综合实训等。

本书可作为高职高专、成人高校及本科院校举办的二级职业技术学院机电一体化技术、模具、数控、自动化等专业的教材，也可作为相关专业人员和相关技术人员的参考书。

- ◆ 主　　编　陈桂芳　　田子欣　　王凤娟
　　副主编　辛百灵　　王素粉　　朱晓光
　　责任编辑　刘盛平
- ◆ 人民邮电出版社出版发行　　北京市丰台区成寿寺路 11 号
　　邮编　100164　　电子邮件　315@ptpress.com.cn
　　网址　http://www.ptpress.com.cn
　　北京捷迅佳彩印刷有限公司印刷
- ◆ 开本：787×1092　1/16　　　　插页：1
　　印张：13　　　　　　　　　　2012 年 9 月第 2 版
　　字数：298 千字　　　　　　　2020 年 9 月北京第 8 次印刷

ISBN 978-7-115-28949-0

定价：28.00 元

读者服务热线：**(010)81055256**　　印装质量热线：**(010)81055316**
反盗版热线：**(010)81055315**

前　言

　　本书是在原《机械设计基础》教材的基础上进行修订的，考虑到目前许多学校机械类和近机类专业培养计划中对技术基础课程教学内容和学时数上出现的新情况，对内容进行了适当的变化和增加。

　　本书主要有以下特点。

　　（1）在时代性上尽量反映机械设计方面的新知识和新技能。

　　（2）突出应用性，注重培养学生灵活应用基础理论和基本知识分析、解决工程实际问题的能力，力求在应用性和工程化方面有所突破。

　　（3）尽量引用最新的标准与规范，采用国家标准规定的名词术语和符号。

　　（4）注意实例的介绍，对学生加强了实用图表、手册应用能力的培养，体现了本课程实用性的特点，使学生的认识在一定层次上能跟上现代科技发展与职业技术教育的新要求。

　　（5）作为高职高专教材，本书力求概念把握准确，叙述深入浅出、层次分明、详略得当、语句流畅，体现了较好的"可教性"和"可自学性"。

　　本书由三门峡职业技术学院陈桂芳、田子欣、王凤娟任主编，三门峡豫西机床有限公司高级工程师辛百灵、三门峡职业技术学院王素粉、朱晓光任副主编。具体编写分工如下：陈桂芳编写第9章、第10章，田子欣编写第5章、第7章，王凤娟编写第6章，辛百灵编写第2章、第3章，王素粉编写第8章，朱晓光编写绪论、第1章和第4章。

　　限于编者的水平和经验，书中难免有不妥之处，敬请广大读者批评指正。

编　者

2012 年 6 月

Contents

目 录

绪 论

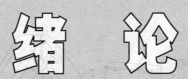

【学习目标】

1. 掌握机器、机构和机械的概念。

2. 了解本课程的研究对象、学习内容和学习方法。

机械设计基础是一门重要的技术基础课，是研究机械类产品的设计、开发、改造，以满足经济发展和社会需求的基础知识课程。机械设计工作涉及工程技术的各个领域。一台新的设备在设计阶段，不仅要根据设计要求确定先进、合理的结构和工作原理，进行运动、动力、强度、刚度分析，完成图样设计，而且要研究在制造、销售、使用以及售后服务等方面的问题。设计人员除必须具有机械设计及与机械设计相关的深厚的基础知识和专业知识外，还要有饱满的创造热情。

 0.1 机械设计研究的对象和内容

机械是机器与机构的总称。机械设计基础研究的对象就是机器和机构，为了解本课程所学的内容、性质和任务，首先要了解什么是机器和机构。

0.1.1 机器和机构

1. 机器

人们在日常生活以及工业、农业和国防等各项生产活动中，都会接触到各种各样的机器，如汽车、缝纫机、内燃机、各种机床、拖拉机、收割机等。所谓机器，就是根据某种使用要求而设计的一种执行机械运动的装置，用来代替或减轻人类的劳动强度，改善劳动条件，提高劳动生产率。

图 0-1 所示为一工业机器人，它由铰接臂机械手 1、计算机控制器 2、液压装置 3 和电力装置 4 组成。当机械手的大臂、小臂和手按指令有规律地运动时，首端夹持器便将物料搬运到预定的位置。在这部机器中，机械手是传递运动和执行任务的装置，是机器的主体部分，电力装置和液压装置提供动力，计算机实施控制。

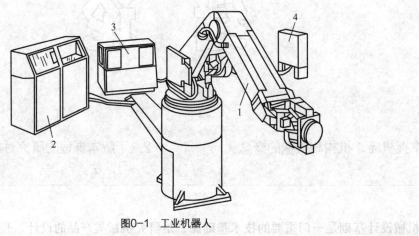

图0-1 工业机器人

机器的种类有很多，它们的结构、性能及用途等也各不相同。但是，总的来说，机器具有三个共同的特征：首先，机器是由人为制造的实物所组成的；其次，机器的各个部分之间具有确定的相对运动；最后，在工作时能够完成有用的机械功或实现能量的转换。

从机器的组成来看，机器是由各种机构组合而成的。

2. 机构

机构也是人为的实物组合，其各个部分之间具有确定的相对运动。因此，机构具有机器的前两个特征。机构也有很多类型，常用的有连杆机构、齿轮机构、凸轮机构以及各种间歇运动机构等。

从运动的角度来看，机构也是一种执行机械运动的装置。在机器中普遍使用的机构称为常用机构。

0.1.2 课程简介

1. 课程的地位和作用

机械设计基础课程是机械类、机电类以及近机类专业一门必修的技术基础课程，在教学计划中起着承前启后的桥梁作用，是学习专业课程和从事机械产品设计的必备基础。本课程的作用在于培养学生掌握机械设计的基本知识、基本理论和基本方法，使学生具备一般机械设备的维护、改进和设计能力。

2. 课程研究的主要内容

本课程作为机械设计的基础，是一门综合性较强的课程。一方面涉及到许多生产实际知识，另一方面又综合运用了许多先修课程所提供的基础理论。因此，本课程主要介绍机械中常用的基本工作原理、运动特性，通用机械零件的设计和计算方法以及有关标准和规范。本课程研究的内容大体可分为以下几部分。

（1）机构的运动简图、自由度计算及实际应用。

（2）平面连杆机构、凸轮机构的组成原理及实际应用。

（3）各种连接零件（如螺纹连接、键连接、销连接等）的标准选择及实际应用。

（4）各种传动零件（如带传动、齿轮传动等）的工作能力分析及实际应用。

（5）轴系零件（如轴、轴承等）简单计算、参数选择及实际应用。

（6）减速器实例分析。

3. 课程的特点和学习方法

本课程的特点是具有较强的理论性、综合性和实践性。因此，在学习方法上必须有所转变，应注意以下几点。

（1）图形较多。因为涉及工程中的许多问题，需要用图形来分析、计算物体的机械运动，或者表示机械的原理、结构，所以本课程的图形较多。在学习的时候，要注意结合图形归纳和总结概念，加深对公式的理解和对符号的记忆。

（2）系统性不强。不同部分的研究对象所涉及的理论基础不同，且相互之间的联系不大。但是，最终的目的只有一个，即分析和设计机构和机器。因此，要熟悉和掌握机构运动简图的绘制方法，习惯于用它来认识机器和机构；熟悉和掌握各种典型机构的运动特点、分析方法和设计方法。

（3）结果多样性。由于工程实际中的问题非常复杂，很难用纯理论的方法来解决，因此，常常采用一些经验公式、数据以及简化计算的方法，这导致了设计计算结果的多样性，没有唯一的答案。

0.2 机械设计的基本要求和一般过程

0.2.1 机械设计的基本要求

机械设计的目的是满足社会生产和生活需求，机械设计的任务是应用新技术、新工艺、新方法开发适应社会需求的各种新的机械产品，以及对原有机械进行改造，从而改变或提高原有机械的性能。任何机械产品都始于设计，设计质量的高低直接关系到产品的功能和质量，关系到产品的成本和价格，机械设计在产品开发中起着非常关键的作用。为此，要在设计中合理确

定机械系统功能，增强可靠性，提高经济性，确保安全性。机械产品设计应满足以下几方面的基本要求。

1. 使用功能要求

实现预定的功能，满足运动和动力性能的要求，这是最主要的要求。

机器必须能够保证在预定寿命期间内按照规定的技术条件顺利而有效地实现全部预期功能的要求，不能失效。它是设计的最基本的出发点。它依靠正确选择机器的工作原理、机构类型、机械传动系统方案，以及正确设计零部件的机构组合来保证其功能要求。

2. 可靠性要求

随着机械系统日益复杂化、大型化、自动化及集成化，要求机械系统在预定的环境条件下和寿命期限内，具有保持正常工作状态的性能，这就称为可靠性。

机器可靠性的高低用可靠度 R 来衡量。机器的可靠度 R 是指在规定的使用时间（寿命）内和预定的环境条件下机器能够正常工作的概率。

3. 满足经济合理性要求

经济合理性要求包括设计、制造和使用的经济性。

4. 劳动保护要求

考虑人机工程学、工程美学的设计原则，劳动保护性有以下三个方面。

（1）提高操作安全性，外露的旋转部件应添加安全罩，某些需要的地方需设立安全报警装置，例如煤气、锅炉等。

（2）降低体力及脑力损耗，从操作过程的复杂程度、操纵数目等方面进行考虑，例如，在具有集中润滑的大型设备中，采用联锁装置。

（3）改善操作环境，增加操作的舒适性，例如工作座椅的振动、机器外观的色彩搭配等。

5. 其他专用要求

针对某一具体的机器，都有一些特殊的要求。例如飞机结构质量要轻，食品机械、纺织机械等不得对产品造成污染等。

总之，机械设计必须根据所要设计的机器的实际情况，分清应满足的各项要求的主、次程度，且尽量做到结构上可靠、工艺上可能、经济上合理，切忌简单照搬或乱提要求。

0.2.2　机械零件设计的基本要求

机械零件是组成机器的最基本的要素，设计零件时应满足的要求是从设计机械的要求中引申出来的。

零件工作可靠并且成本低廉是设计机械零件应满足的基本要求。

零件的工作能力是指零件在一定的工作条件下抵抗可能出现的失效的能力，对载荷而言称为承载能力。

设计机械零件必须坚持经济观点，为此要注意以下几点。

（1）合理选择材料、降低材料费用。

（2）保证良好的工艺性、减少制造费用。

（3）尽量采用标准化、通用化设计，简化设计过程从而降低成本。

0.2.3 机械设计的一般过程

机械设计过程一般包括四个阶段：计划阶段、方案设计阶段、技术设计阶段和技术文件编制阶段。各阶段的主要工作简要说明如下。

1. 计划阶段

计划阶段的主要工作是提出设计任务和明确设计要求。

阶段目标：设计任务书。任务包括机器的用途、主要性能参数范围、工作环境条件、特殊要求、生产批量、预期成本、完成期限、承制单位等内容。一般由主管单位、用户提出。（注意：这些要求及条件一般也只能给出一个合理的范围，而不是准确的数字。例如，可以用必须达到的要求，最低要求，希望达到的要求等方式予以确定）

2. 方案设计阶段

设计部门和设计人员首先要认真研究任务书，在全面明确上述要求后，在调查研究、分析资料的基础上，拟定设计计划，按照下述的步骤进行设计：机器工作原理选择→机器的运动设计→机器的动力设计。

阶段目标：提出原理性的设计方案——原理图或机构运动简图。

3. 技术设计阶段

在总体方案设计的基础上，确定机器各部分的结构和尺寸，绘制总装配图、部件装配图和零件图。为此，必须对所有零件（标准件除外）进行结构设计，并对主要零件的工作能力进行计算，完成机械零件设计。

阶段目标：绘制总体设计草图及部件装配草图并绘制出零件图、装配图及总装图。

机械零件设计是本课程研究的主要内容之一，其设计步骤如下。

（1）根据机器零件的使用要求，选择零件的类型与结构。

（2）根据机器的工作要求，分析零件的工作情况，确定作用在零件上的载荷。

（3）根据零件的工作条件，考虑材料的性能、供应情况、经济因素等，合理选择零件的材料。

（4）根据零件可能出现的失效形式，确定计算准则，并通过计算确定零件的主要尺寸。

（5）根据零件的主要尺寸和工艺性、标准化等要求进行零件的结构设计。

（6）绘制零件工作图，制订技术要求。

以上这些内容可在绘制总装配图、部件装配图及零件图的过程中交错、反复进行，同时进行润滑设计。

4. 技术文件编制阶段

技术文件的种类较多，常用的有：机器的设计计算说明书；机器使用说明书；标准件明细表；

其他技术文件，如检验合格单、外购明细表、验收条件等。

实际工作中，上述的几个阶段是交叉反复进行的。一个完整的设计过程不但包含以上四个阶段，还包含制造、装配、试车、生产等所有环节，对图纸和技术文件进行完善和修改，直到定型投入正式生产的全过程。

0.3 机械零件的失效形式及设计计算准则

0.3.1 失效形式

机械零件丧失工作能力或达不到设计要求的性能时称失效。失效比破坏具有更广泛的意义。

机械零件的主要失效形式有断裂、过大的残余变形、零件表面的破坏（腐蚀、磨损和接触疲劳等），破坏正常工作条件引起的失效等。对于某一具体的零件，可能产生的失效形式由其工作条件和受载情况而定。

0.3.2 设计计算准则

同一零件对于不同失效形式的承载能力各不相同。以防止产生各种可能失效为目的而拟定的零件工作能力计算依据的基本原则称为设计计算准则。零件设计时的主要设计准则如下。

1. 强度准则

强度是指零件在预期寿命工作中抵抗断裂或过大的残余变形及表面失效的能力，是零件必须首先满足的基本要求，可分为整体强度和表面强度两种。

（1）整体强度。整体强度的计算准则：零件在危险载面处的最大的应力 σ、τ 不得超过允许的限度，即

$$\sigma \leqslant [\sigma], \ \tau \leqslant [\tau] \tag{0.1}$$

或

$$\sigma \leqslant \sigma_{\lim}/S_\sigma, \ \tau \leqslant \tau_{\lim}/S_\tau \tag{0.2}$$

式中，$[\sigma]$——材料的许用的正应力；

$[\tau]$——材料的许用的切应力；

S_σ、S_τ——危险截面的实际安全系数；

$\sigma_{\lim}$——极限正应力；

$\tau_{\lim}$——极限切应力。

（2）表面强度。表面强度可分为表面接触强度和表面挤压强度。

若两个零件在受载前后由点接触或线接触变为小表面积接触，且其表面产生很大的局部应力（称为接触应力），这时零件的强度称为表面接触强度（简称接触强度）。表面强度不够，会发生表面损伤。表面接触强度的计算准则：最大接触应力 σ_H 不超过材料的许用接触应力 $[\sigma_H]$。

$$\sigma_H \leqslant [\sigma_H] \tag{0.3}$$

面接触的两零件，受载后接触面间产生挤压应力，这时零件的强度称为表面挤压强度，挤压应力过大会使零件表面压溃。表面挤压强度的计算准则：表面最大挤压应力 σ_p 不超过材料的许用挤压应力 $[\sigma_p]$。

$$\sigma_p \leqslant [\sigma_p] \tag{0.4}$$

2. 刚度准则

刚度是指零件在载荷作用下抵抗弹性变形的能力，其设计准则为零件在工作时产生的弹性变形量不超过允许变形量。表达式为

$$\begin{aligned} \gamma &\leqslant [\gamma] \\ \theta &\leqslant [\theta] \\ \phi &\leqslant [\phi] \end{aligned} \tag{0.5}$$

式中，γ——零件的工作挠度；

  $[\gamma]$——零件的许用挠度；

  θ——零件的工作偏转角；

  $[\theta]$——零件的许用偏转角；

  ϕ——零件的工作扭转角；

  $[\phi]$——零件的许用扭转角。

零件的刚度分为整体变形刚度和表面接触刚度两种。

（1）整体变形刚度是指零件整体在载荷作用下发生的伸张、缩短、挠曲、扭转等弹性变形的程度。

（2）表面接触刚度是指因两零件接触表面上的微观凸峰，在外载荷作用下发生变形所导致的两零件相对位置变化的程度。

3. 耐磨性准则

耐磨性是指在载荷作用下相对运动的两零件表面抵抗磨损的能力。

过度磨损会使零件的形状和尺寸改变，配合间隙增大，精度降低，产生冲击振动。

在滑动摩擦下工作的零件，常因载荷大，转速高过度磨损而失效。影响磨损的因素很多，通过限制零件工作面的单位压力和相对滑动速度，进行良好的润滑以及提高零件表面硬度和表面质量来提高耐磨性。用公式表示为

$$\begin{aligned} p &\leqslant [p] \\ pv &\leqslant [pv] \end{aligned} \tag{0.6}$$

式中，p——零件工作面上的压强；

pv——压强与滑动速度乘积；

$[p]$、$[pv]$——许用值。

4. 热平衡准则

零件工作时因摩擦产生过多的热量导致润滑剂失去作用，从而使零件不能正常工作。热平衡准则是，根据热平衡条件，工作温度 t 不应超过许用工作温度 $[t]$，即

$$t \leqslant [t] \tag{0.7}$$

5. 振动稳定性

所谓振动稳定性，就是说在设计时要使机器中受激振作用的各零件的固有频率 f 与激振源的频率 f_p 错开，即

$$0.85f > f_p \quad 或 \quad 1.15f < f_p \tag{0.8}$$

0.4 机械零件设计的标准化、系列化及通用化

1. 标准件

在机械设计中，按规定标准生产的零件称为标准件。

2. 标准化

机械设计中的标准化是指对零件的特征参数及其结构尺寸、检验方法和制图的规范化要求。国际标准化组织制定了国际标准（ISO）。我国国家标准化法规规定的标准分国家标准（GB）、部颁标准（如 JB、YB 等）和企业标准三个等级，我国也正在逐步向 ISO 标准靠近，这些标准（特别是国家和有关部颁标准）是在机械设计中必须严格遵守的。

3. 系列化

对于同一产品，为了符合不同的使用条件，在同一基本结构或基本尺寸条件下，规定出若干个辅助尺寸不同的产品，成为不同的系列，这就是系列化的含义。

4. 通用化

指在不同规格的同类产品或不同类产品中采用同一结构和尺寸的零部件，以减少零部件的种类，简化生产管理过程，降低成本和缩短生产周期。

零件的标准化、通用化和系列化称作"三化"。机械设计中遵循"三化"是缩短产品设计周期、提高产品质量和生产效率、降低生产成本的重要途径。

当前机械设计的动态

随着科学技术的飞速发展，伺服驱动技术、检测传感技术、自动控制技术、信息技术以及精密机械技术、系统总体技术在机械中的使用，形成了一个崭新的现代制造业。目前，计算机辅助设计与制造 CAD/CAM 已经广泛应用于机械设计和制造的各个环节，对减轻设计者的劳动强度，提高机械产品精度和零件的设计速度与质量，起到了重要作用。

各种检测仪器的迅猛发展，提高了机械检验水平，对零件受力受载分析、应力发热效应的测试、摩擦磨损的分析等方面提供了大量设计所需的数据，促进了设计理论的发展。一种集计算机辅助设计、精密机械加工技术、激光技术和材料科学为一体的新型技术——快速成形技术（RPM）的发展，大大缩短了产品、零件的生产周期，使产品的成本大幅度下降。目前美国、日本、德国等国的开发公司，已将该项技术应用到产品的设计和生产中。我国自 20 世纪 90 年代以来也开展了快速成形技术的研究和应用，取得了一定成果，因此机械设计技术的发展，必须与现代先进机械制造技术相衔接，共同发展。

可靠设计技术在现代装备制造业中已贯穿到产品的开发研制、设计、制造、试验、使用、运输、保管及维修保养的各个环节，我们把它们统称为可靠性工程。可靠性设计作为可靠性工程的重要分支，是一门现代设计理论和方法，它以提高产品可靠性为目的，以概率论和数据统计理论为基础，综合运用多学科知识来研究工程中的设计问题。

思考与练习题

1. 机器具有哪些共同的特征？
2. 机器、机构与机械有什么区别？
3. 简述机械设计的基本要求和一般过程。
4. 为什么机械零件设计要求标准化、系列化及通用化？

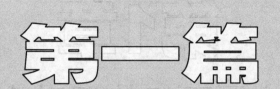

第一篇

|常用机构|

机器是人类经过长期生产实践创造出来的重要工具。利用机器进行生产可以减轻或代替体力劳动，大大提高劳动生产率和产品质量，便于对生产进行严格分工与科学管理，便于实现机械化和自动化。随着科学技术的发展，使用机器进行生产的水平已经成为衡量一个国家工业技术水平和现代化程度的重要标志之一。

本篇主要介绍平面机构运动、平面连杆机构、凸轮机构、间歇运动机构的工作原理、运动特性及在生产实际中的应用等。

第1章

| 平面机构运动 |

【学习目标】

1. 掌握运动副的类型。
2. 掌握机构运动简图的绘制方法。
3. 熟练掌握平面机构自由度的计算。

机械一般由若干常用机构组成，而机构是由两个或两个以上具有确定相对运动的构件组成的。若组成机构的所有构件都在同一平面或平行平面中运动，则称该机构为平面机构。工程中常见的机构大多属于平面机构，本章仅讨论平面机构。

平面机构的组成

1.1.1 构件和零件

1. 构件

机械中作独立运动的单元称为构件。在机械的运动过程中，构件是不可再分的单元体。为了满足结构和工艺的不同需求，构件可以是一个零件，如凸轮、齿轮、轴等；也可以是几个零件通过刚性连接组成的一个整体，在工程上通常称为部件。图 1-1 所示为内燃机的连杆，它是由连杆体 1、螺栓 2、螺母 3、连杆盖 4 等几个零件组成的，这些零件装配在一起形成一个部件而运动。

根据构件在机械传动中的功能，可将构件分为主动件、机架和从动件。

运动规律已知的活动构件称为主动件，或称为原动件，它的运动是由外界输入的，可以按照给定的运动规律做独立的运动。机构中相对固定的构件称为机架，它的作用是支承运动的构件。机构中除主动件以外的全部活动构件都称为从动件。注意，在一个机构中只有一个机架。

2. 零件

零件是指机械中独立的制造单元，它是组成机器或机构的基本元素。在加工中，零件是不可分割的单元体。

根据零件的应用场合，零件可分为两大类：一类是通用零件，在各种类型的机械中都经常使用，如螺母、螺栓、齿轮等；另一类是专用零件，仅在某些类型的机械中才使用，如内燃机中的曲轴等。

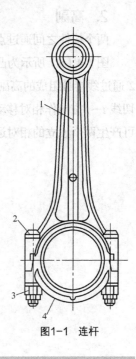

图1-1 连杆

1.1.2 运动副及其分类

机构是由许多构件所组成的。机构中的每一个构件都要以一定的方式与其他的构件连接起来，使彼此连接的两个构件之间既能保持直接接触又能产生相对运动。两个构件之间的这种直接接触所形成的可动连接称为运动副。机构中各个构件之间的运动和动力的传递都是通过运动副来实现的。

两个构件之间组成运动副时，构件上参与接触的点、线或面称为运动副元素。

运动副分类的方法有多种，通常可以按两个构件之间的接触性质分为低副和高副两类。

1. 低副

在平面机构中，两个构件之间通过面接触而组成的运动副称为低副。根据两个构件之间的相对运动形式，低副又可分为转动副和移动副。若组成运动副的两个构件（构件 1 和构件 2）只能沿某一轴线作相对转动，则这种运动副称为转动副或回转副，又称为铰链，如图 1-2 所示。若组成运动副的两个构件（构件 1 和构件 2）只能沿着某一直线作相对移动，则这种运动副称为移动副，如图 1-3 所示。

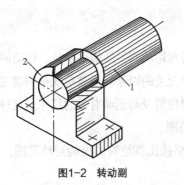

图1-2 转动副

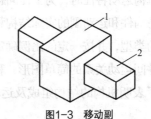

图1-3 移动副

2. 高副

两个构件之间通过点或线接触而组成的运动副称为高副。

图1-4（a）所示为凸轮1与从动件2通过点接触组成的高副，图1-4（b）所示为齿轮1和齿轮2通过线接触组成的高副。当两个构件之间组成高副时，构件1相对于构件2既可沿接触点 A 的公切线 t—t 方向作相对移动，又可在接触点 A 绕垂直于运动平面的轴线作相对转动，即两个构件之间可产生两个独立的相对运动。

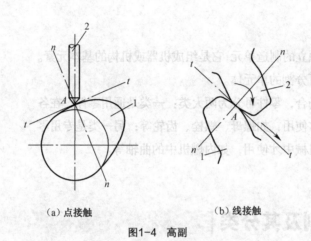

（a）点接触　　　　　　　　　（b）线接触

图1-4　高副

低副的形状简单，容易制造，而且在承受相同的载荷时，低副接触处的压强较小，所以低副耐磨损，承载能力较强，寿命较长；而高副则相反。

平面机构的运动简图

▎1.2.1　机构运动简图的概念

在研究机构运动特性时，为了使问题简化，只考虑与运动有关的构件数目、运动副类型及相对位置，不考虑构件和运动副的实际结构和材料等与运动无关的因素。用简单线条和规定符号表示构件和运动副的类型，并按一定的比例确定运动副的相对位置及与运动有关的尺寸，这种表示机构的组成和各构件间运动关系的简单图形，称为机构运动简图。

只是为了表明机构的结构组成及运动原理而不严格按比例绘制的机构运动简图，称为机构示意图。

1.2.2　平面机构运动简图的绘制

绘制平面机构的运动简图时，通常可按下列步骤进行。

（1）分析机构的组成和运动。首先判别构件的类型，找出机构中的主动件、机架以及从动件。然后从主动件开始，沿着运动传递的顺序搞清楚运动的传递情况。最后确定出机构中构件的数目。

（2）确定运动副的类型和数量。仍从主动件开始，沿着运动传递的顺序，根据构件之间相对运动的性质，确定机构运动副的类型和数量。

（3）选择投影面。选择能够较好地表示构件运动关系的平面作为投影面，一般选择机构中多数构件所在的运动平面。

（4）测量。测量出机构中构件的尺寸以及各个运动副的相对位置尺寸等。

（5）选择适当的比例。根据构件的实际尺寸和图纸大小确定适当的长度比例尺μ_l，按照各运动副间的距离和相对位置，用规定的线条和符号即可绘制出机构的运动简图。

$$\mu_l = \frac{构件实际长度}{构件图样长度}（\text{m/mm 或 mm/mm}）\tag{1.1}$$

常用构件和运动副的简图符号在国家标准 GB　4460—84 中已有规定，表 1-1 列出了最常用的构件和运动副的简图符号。

表 1-1　　　　　　　　　机构运动简图符号

名称		简图符号	名称		简图符号
构件	轴、杆		机架	基本符号	
	三副元素构件	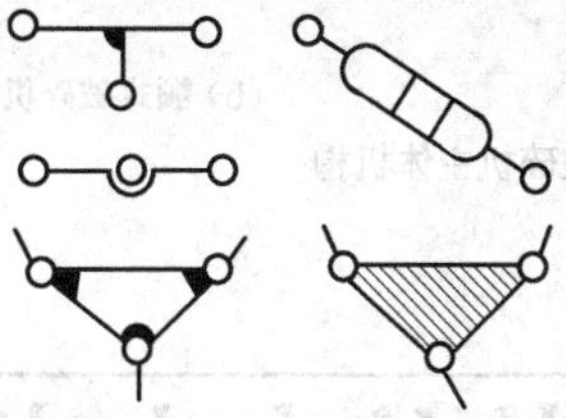		机架是转动副的一部分	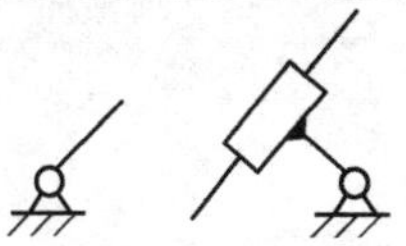
				机架是移动副的一部分	
	构件的永久连接	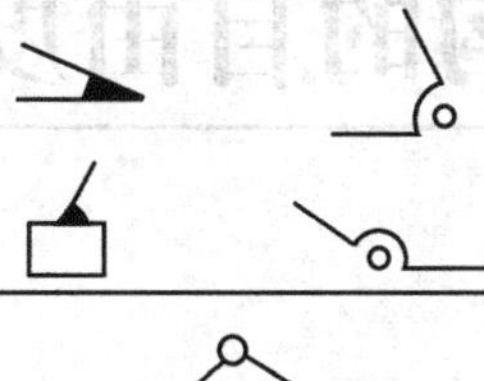	平面高副	齿轮副 外啮合 内啮合	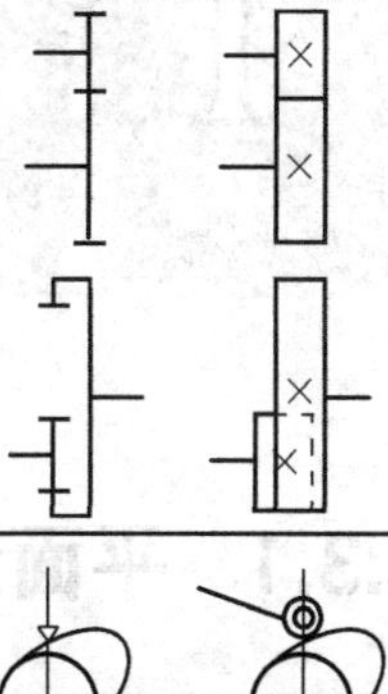
平面低副	转动副	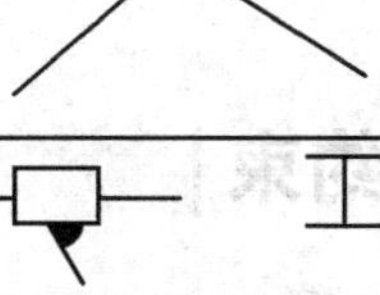			
	移动副	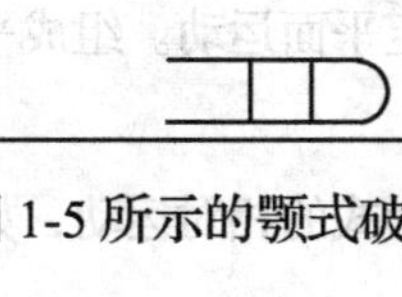		凸轮副	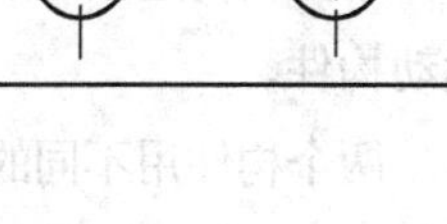

【例 1-1】　绘制如图 1-5 所示的颚式破碎机主体机构的运动简图。

【解】：（1）由图1-5（a）可知，颚式破碎机主体机构由机架1、偏心轴2、动颚3、肘板4组成。机构运动由带轮5输入，而带轮5与偏心轴2固连成一体（属同一构件），绕 A 转动，故偏心轴2为原动件。动颚3和肘板4为从动件，动颚3通过肘板4与机架相连，并在偏心轴2带动下作平面运动将矿石打碎，故动颚和肘板为从动件。

（2）偏心轴2与机架1、偏心轴2与动颚3、动颚3与肘板4、肘板4与机架1均构成转动副，其转动中心分别为 A、B、C、D。选择构件的运动平面为投影面，图示机构运动瞬时位置为原动位置，如图1-5（b）所示。

（3）根据实际构件尺寸及图样大小选定比例尺 μ_l。根据已知运动尺寸 L_{AB}、L_{BC}、L_{CD}、L_{DA} 依次确定各转动副 A、B、C、D 的位置，画上代表转动副的符号，并用线段连接 A、B、C、D。用数字标注构件号，并在构件2上标注表示原动件的箭头，如图1-5（b）所示。

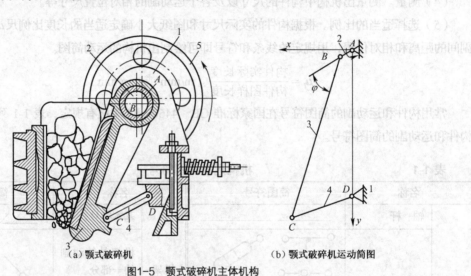

（a）颚式破碎机　　　　　　　　　　　　　（b）颚式破碎机运动简图

图1-5　颚式破碎机主体机构

1.3　平面机构的自由度

1.3.1　平面运动构件自由度及其约束

平面机构是指组成机构的各个构件均平行于同一固定平面运动。组成平面机构的构件称为平面运动构件。

两个构件用不同的方式连接起来，显然会得到不同形式的相对运动，如转动或移动。为便于进

一步分析两构件之间的相对运动关系，引入自由度和约束的概念。如图 1-6 所示，假设有一个构件
2，当它尚未与其他构件连接之前，称之为自由构件，它可以产生 3
个独立运动，即沿 x 方向的移动、沿 y 方向的移动以及绕任意点 A 的
转动，构件的这种独立运动称为构件的自由度。可见，作平面运动的
构件有 3 个自由度。如果将硬纸片（构件 2）用钉子钉在桌面（构件 1）
上，硬纸片就无法作独立的沿 x 或 y 方向的运动，只能绕钉子转动，
这种两构件只能作相对转动的连接称为铰接。对构件某一个独立运动
的限制称为约束。构件每增加一个约束，便减少一个自由度，即自由
度减少的个数等于约束的数目。

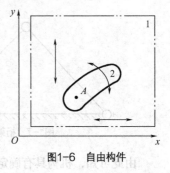

图1-6 自由构件

1.3.2 平面机构自由度的计算

机构具有确定运动的独立运动数目称为机构的自由度，用 F 表示。

设一个平面机构由 N 个构件组成，其中必定有一个构件为机架，其活动构件数为 $n = N-1$。这
些构件在未组合成运动副之前共有 $3 \times n$ 个自由度，在连接成运动副之后便引入了约束，减少了自
由度。设机构共有 P_L 个低副、P_H 个高副，因为在平面机构中每个低副和高副分别限制 2 个和 1 个
自由度，故平面机构的自由度为

$$F = 3n - 2P_L - P_H \tag{1.2}$$

式中，n——活动构件数，$n = N-1$，其中 N 为机构中的构件总数；

P_L——机构中的低副数目；

P_H——机构中的高副数目。

1.3.3 机构具有确定运动的条件

机构是由若干个构件通过运动副连接而成的，机构要实现预期的运动传递和变换，必须使其运
动具有可能性和确定性。所谓机构具有确定运动，是指该机构中所有构件，在任一瞬时的运动都是
完全确定的。由于不是任何构件系统都能实现确定的相对运动，因此不是任何构件系统都能成为机
构。构件系统能否成为机构，可以用是否具有确定运动为条件来判别。

如图 1-7 所示，机构的自由度等于 0（$F = 3n - 2P_L - P_H = 3 \times 2 - 2 \times 3 = 0$），各构件之间不可能
产生任何相对运动，故这样的构件组合不是机构。因此，机构具有相对运动的条件是自由度 $F > 0$。

$F > 0$ 的条件只表明机构能够运动，并不能说明机构运动是否确定。

图 1-8 所示为五杆机构，其自由度为

$$F = 3n - 2P_L - P_H = 3 \times 4 - 2 \times 5 - 0 = 2$$

$F > 0$，说明机构能够运动。若仅给定一个主动件，例如构件 1 绕 A 点均匀转动，当构件 1 处于 AB
位置时，构件 2、3、4 可处于不同的位置（图示出两个位置），即这 3 个构件的运动并不确定。但若给
定两个主动件，如构件 1 和构件 4 分别绕点 A 和点 E 转动，则构件 2、构件 3 的运动就能完全确定。

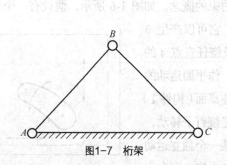

图1-7　桁架

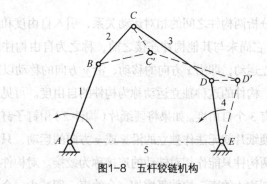

图1-8　五杆铰链机构

由此可知，机构具有确定运动的条件如下。

（1）$F > 0$。

（2）F 等于机构主动件的个数。

1.3.4　复合铰链、局部自由度和虚约束

1. 复合铰链

3 个或更多的构件在同一处连接成同轴线的两个或更多个转动副，就构成了复合铰链，计算自由度时应按两个或更多个转动副计算。图1-9（a）所示为一个六构件机构，其中构件 6 为机架，构件 1 为原动件。请注意 B 点处是由 2、3、4 三构件构成的两个同轴转动副，如图1-9（b）所示。其中，构件 4 与构件 2 铰接构成转动副 z_{42}、与构件 3 铰接构成转动副 z_{43}，两转动副均绕轴线 B 转动。这个复合铰链计算自由度时应按两个转动副计算。如果有 m 个构件以复合铰链相连接，则构成的转动副数目应为（$m-1$）个。在计算机构自由度时，应注意分析是否存在复合铰链。

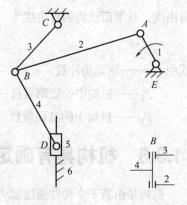

（a）机构简图　　（b）同轴转动副

图1-9　复合铰链

2. 局部自由度

在有的机构中为了其他一些非运动的原因，设置了附加构件，这种附加构件的运动是完全独立的，对整个构件的运动毫无影响，人们把这种独立运动称为局部自由度。在计算机构自由度时局部自由度应略去不计。

图 1-10（a）所示为凸轮机构，随着主动件凸轮 1 的顺时针转动，从动件 2 作上下往复运动，为了减少摩擦和磨损，在凸轮 1 和从动件 2 之间加入滚子 3，应该注意到无论滚子 3 是否绕点 A 转动，都不改变从动件 2 的运动，因而滚子 3 绕点 A 的转动属于局部自由度，计算机构自由度时应将滚子和从动件看成一个构件。又如图 1-10（b）所示为滚动轴承的结构示意图，为减少摩擦，在轴承的内外圈之间加入了滚动体 3，但是滚动体是否滚动对轴的运动毫无影响，滚动体的滚动属于局部自由度，计算机构自由度时可将内圈 1、外圈 2、滚动体 3 看成一个整体。

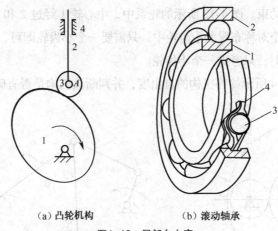

（a）凸轮机构　　　　　　（b）滚动轴承

图1-10　局部自由度

3. 虚约束

指机构中与其他约束重复，对机构不产生新的约束作用的约束。计算机构自由度时应将虚约束除去不计。虚约束经常出现的场合如下。

（1）两构件间形成多处具有相同作用的运动副。如图 1-11（a）所示，轮轴 2 与机架 1 在 A、B 两处形成转动副，实际上两个构件只能构成一个运动副，这里应按一个运动副计算自由度。又如图 1-11（b）所示，在液压缸的缸筒 2 与活塞 1、缸盖 3 与活塞杆 4 两处构成移动副，实际上缸筒与缸盖、活塞与活塞杆是两两固连的，只有两个构件而并非 4 个构件，这两个构件也只能构成一个移动副。

（2）两构件上连接点的运动轨迹重合。例如，图 1-12 所示为火车头驱动轮联动装置示意图，它形成一个平行四边形机构，其中构件 EF 存在与否并不影响平行四边形 ABCD 的运动，进一步可以肯定地说，三构件 AB、CD、EF 中缺少其中任意一个，均对余下的机构运动不产生影响，实际上是因为此三构件的动端点的运动轨迹均与构件 BC 上对应点的运动轨迹重合。应该指出，AB、CD、EF 三构件是互相平行的，否则就形成不了虚约束，机构就出现过约束而不能运动。

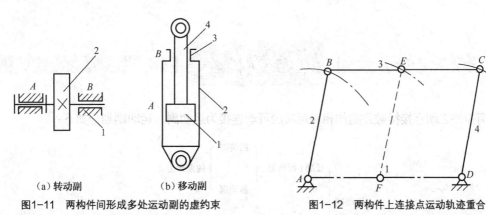

（a）转动副　　　　（b）移动副

图1-11　两构件间形成多处运动副的虚约束　　　　图1-12　两构件上连接点运动轨迹重合

（3）机构中具有对运动起相同作用的对称部分。机构中对传递运动不起独立作用的结构相同的对称部分，使机构增加虚约束。图 1-13 所示的轮系中，中心轮 1 经过 2 和 2′ 驱动内齿轮 3。从传递运动的要求来看，在两个对称布置的小齿轮中，只需要一个小齿轮即可，而另一个小齿轮是虚约束。在计算机构的自由度时，只考虑一个小齿轮。

【例 1-2】　计算图 1-14 所示筛料机构的自由度，并判断该机构是否有确定的运动。

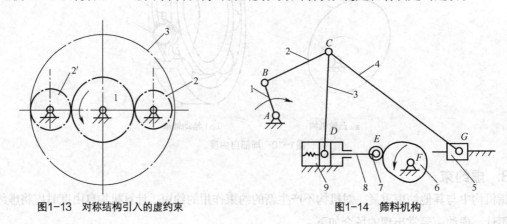

图1-13　对称结构引入的虚约束　　　　　　　　图1-14　筛料机构

【解】：

（1）工作原理分析。机构中标有箭头的凸轮 6 和曲轴 1 作为原动件分别绕点 F 和点 A 转动，迫使工作构件 5 带动筛子抖动筛料。

（2）处理特殊情况。① 2、3、4 三构件在点 C 组成复合铰链，此处有两个转动副；② 滚子 7 绕点 E 的转动为局部自由度，可看成滚子 7 与活塞杆 8 焊接在一起；③ 8 和 9 两构件形成两处移动副，其中有一处是虚约束。

（3）计算机构自由度。机构有 7 个活动构件，7 个转动副、2 个移动副、1 个高副，即 $n = 7$、$P_L = 9$、$P_H = 1$，按式（1.2）计算得

$$F = 3 \times 7 - 2 \times 9 - 1 = 2$$

经过对机构进行分析和计算可知，机构的自由度等于 2，有两个主动件，故筛料机构有确定的运动。

本章小结

1. 两构件之间直接接触并能作相对运动的可动连接为运动副。运动副划分如下：

2. 机构运动简图：为了突出和运动有关的因素，注意保留与运动有关的外形，仅用规定的符号来代表构件和运动副。

3. 计算平面机构自由度的公式：$F = 3n - 2P_L - P_H$。

4. 机构具有确定运动的条件：自由度必须大于零且原动件数与其自由度必须相等。

5. 在计算平面机构自由度时，必须考虑是否存在复合铰链，并应将局部自由度和虚约束除去不计，才能得到正确的结果。

1. 什么是运动副？它在机构中起何作用？试举出生活中、生产中运用转动副、移动副的两个实例。

2. 什么是虚约束和局部自由度？

3. 指出图 1-15 中运动机构的复合铰链、局部自由度和虚约束，并计算这些机构自由度，以及判断它们是否具有确定的运动（其中箭头所示的为原动件）。

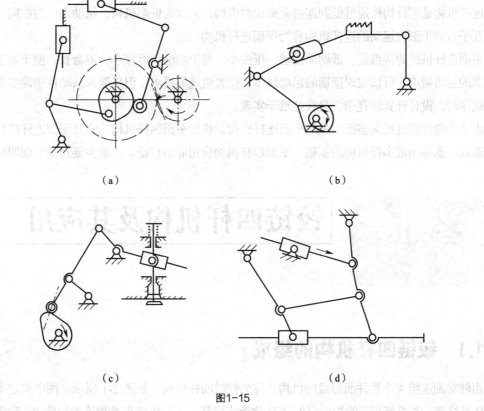

（a）　　　　　　　　　　　　　　（b）

（c）　　　　　　　　　　　　　　（d）

图1-15

Chapter 2

第2章

| 平面连杆机构 |

【学习目标】

1. 掌握铰链四杆机构的基本形式。
2. 掌握铰链四杆机构有曲柄的条件。
3. 能够分析铰链四杆机构的运动特性和传力特性。
4. 熟悉平面连杆机构的应用。

　　连杆机构是刚性构件通过低副连接而形成的机构，又称为低副机构，活动构件均在同一平面或在相互平行的平面内运动的连杆机构称为平面连杆机构。

　　平面连杆机构的特点是：低副面接触，压强小，易于润滑，磨损小，寿命长；便于加工，能获得较高的运动精度；可以实现预期的运动规律、位置轨迹等要求；但当要求从动件精确实现特定的运动规律时，设计计算较复杂，且往往难于实现。

　　由 4 个构件通过低副连接组成的平面连杆机构，称为平面四杆机构。它是平面连杆机构中最简单的形式，也是组成多杆机构的基础。平面四杆机构应用非常广泛。本章主要讨论平面四杆机构。

2.1 铰链四杆机构及其应用

| 2.1.1　铰链四杆机构的组成 |

　　由转动副连接 4 个构件而形成的机构，称为铰链四杆机构，如图 2-1 所示。图中固定不动的构件 AD 是机架；与机架相连的构件 AB、CD 称为连架杆；不与机架直接相连的构件 BC 称为连杆。连架杆中，能作整周回转的称为曲柄，只能作往复摆动的称为摇杆。

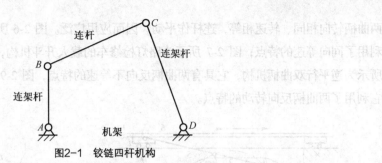

图2-1 铰链四杆机构

2.1.2 铰链四杆机构的基本形式及其应用

对于铰链四杆机构来说，机构中总是存在机架和连杆的。因此，根据两个连架杆运动形式的不同，可将铰链四杆机构分为 3 种基本形式：曲柄摇杆机构、双曲柄机构和双摇杆机构。

1. 曲柄摇杆机构及其应用

在铰链四杆机构中，如果有一个连架杆作循环的整周运动而另一连架杆作摆动，则该机构称为曲柄摇杆机构。图 2-2 所示为雷达天线仰角调整机构，机构由构件 AB、BC、固连有天线的 CD 及机架 DA 组成。构件 AB 可作整圈的转动，为曲柄；天线 3 作为机构的另一连架杆可作一定范围的摆动，为摇杆；随着曲柄的缓缓转动，天线仰角得到改变。图 2-3 所示为缝纫机踏板机构，而当摇杆 CD 为主动件并作往复摆动时，曲柄 AB 为从动件，作定轴运动。

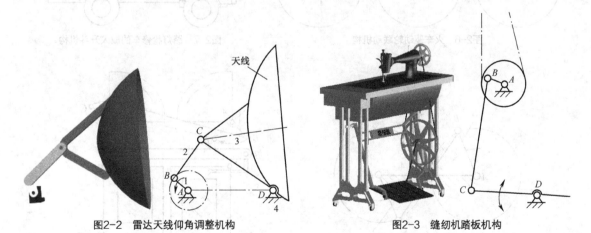

图2-2 雷达天线仰角调整机构　　　　　　　图2-3 缝纫机踏板机构

2. 双曲柄机构及其应用

在铰链四杆机构中，两个连架杆均能作整周的运动，则该机构称为双曲柄机构。图 2-4 所示为惯性筛工作机构，它是双曲柄机构的应用实例。由于从动曲柄 3 与主动曲柄 1 的长度不同，因此当主动曲柄 1 匀速回转一周时，从动曲柄 3 作变速回转一周，机构利用这一特点使筛子 6 作加速往复运动，提高了工作性能。

在双曲柄机构中，有一种特殊机构，连杆与机架的长度相等、两个曲柄长度相等且转向相同的双曲柄机构，称为平行双曲柄机构或平行四边形机构。图 2-5 所示为正平行双曲柄机构，其特点是

两曲柄转向相同、转速相等，连杆作平动，因而应用广泛。图 2-6 所示为火车驱动轮联动机构，它利用了同向等速的特点；图 2-7 所示为路灯检修车的载人升斗机构，它利用了平动的特点。图 2-8 所示为逆平行双曲柄机构，它具有两曲柄反向不等速的特点，图 2-9 所示为公共汽车门启闭机构，它利用了两曲柄反向转动的特点。

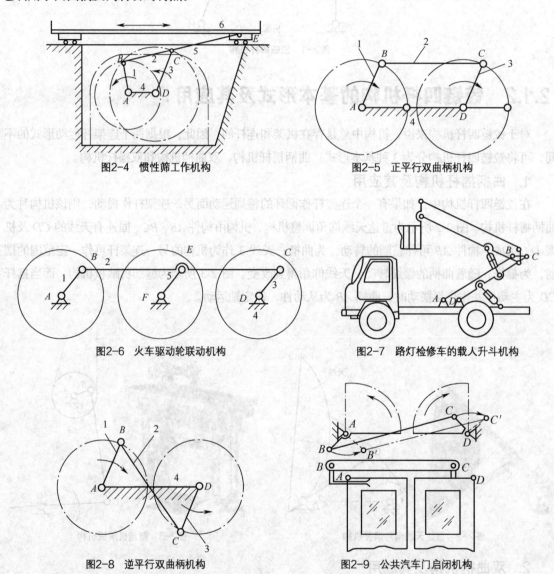

图2-4　惯性筛工作机构　　　　　　　　　图2-5　正平行双曲柄机构

图2-6　火车驱动轮联动机构　　　　　　　图2-7　路灯检修车的载人升斗机构

图2-8　逆平行双曲柄机构　　　　　　　　图2-9　公共汽车门启闭机构

3. 双摇杆机构及其应用

在铰链四杆机构中，两连架杆均为摇杆的铰链四杆机构称为双摇杆机构。图 2-10 所示为港口起重机吊臂机构，其中，*ABCD* 构成双摇杆机构，*AD* 为机架，在主动摇杆 *AB* 的驱动下，随着机构的运动连杆 *BC* 的外伸端点 *M* 获得近似直线的水平运动，使吊重 *Q* 能作水平移动，从而大大节省了移动吊重所需要的功率。图 2-11 所示为电风扇摇头机构，电动机外壳作为其中的一根摇杆 *AB*，蜗轮作为连杆 *BC*，构成双摇杆机构 *ABCD*。蜗杆随扇叶同轴转动，带动 *BC* 作为主动件绕点

C 摆动，使摇杆 AB 带动电动机及扇叶一起摆动，实现一台电动机同时驱动扇叶和摇头机构。图 2-12 所示为汽车偏转车轮转向机构，它采用了等腰梯形双摇杆机构，该机构的两根摇杆 AB、CD 是等长的，适当选择两摇杆的长度，可以使汽车在转弯时两转向轮轴线近似相交于其他两轮轴线延长线某点 P，汽车整车绕瞬时中心点 P 转动，使得各轮子相对于地面作近似的纯滚动，以减少转弯时轮胎的磨损。

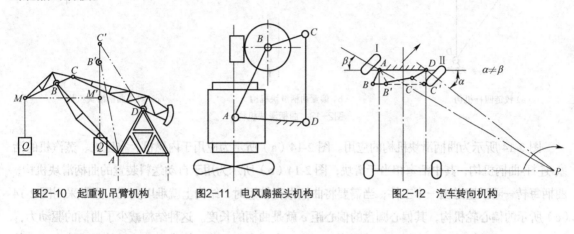

图2-10 起重机吊臂机构　　　图2-11 电风扇摇头机构　　　图2-12 汽车转向机构

 铰链四杆机构的其他形式及其应用

2.2.1 曲柄滑块机构及其应用

在图 2-13（a）所示的铰链四杆机构 $ABCD$ 中，如果要求点 C 运动轨迹的曲率半径较大甚至是作直线运动，则摇杆 CD 的长度就特别长，甚至是无穷大，这显然给布置和制造带来困难或甚至不可能完成。为此，在实际应用中只是根据需要制作一个导路，将点 C 做成一个与连杆铰接的滑块并使之沿导路运动即可，不再专门做出 CD 杆。这种含有移动副的四杆机构称为滑块四杆机构，当滑块运动的轨迹为曲线时称为曲线滑块机构，当滑块运动的轨迹为直线时称为直线滑块机构。直线滑块机构可分为两种情况：一是偏置曲柄滑块机构，如图 2-13（b）所示，导路与曲柄转动中心有一个偏距 e；二是当 $e=0$ 即导路通过曲柄转动中心时，称为对心曲柄滑块机构，如图 2-13（c）所示。由于对心曲柄滑块机构结构简单，受力情况好，故在实际生产中得到广泛应用。因此，今后如果没有特别说明，所提到的曲柄滑块机构即指对心曲柄滑块机构。

应该指出，滑块的运动轨迹不仅局限于圆弧和直线，还可以是任意曲线，甚至可以是多种曲线的组合，这就远远超出了铰链四杆机构简单演化的范畴，也使曲柄滑块机构的应用更加灵活、广泛。

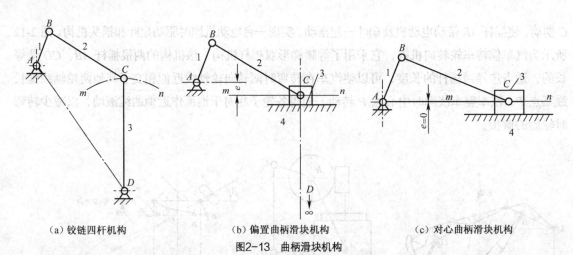

（a）铰链四杆机构　　　　　　（b）偏置曲柄滑块机构　　　　　　（c）对心曲柄滑块机构

图2-13　曲柄滑块机构

图 2-14 所示为曲柄滑块机构的应用。图 2-14（a）所示为应用于内燃机、空压机、蒸汽机的活塞-连杆-曲柄机构，其中活塞相当于滑块；图 2-14（b）所示为用于自动送料装置的曲柄滑块机构，曲柄每转一圈活塞送出一个工件；当需要将曲柄做得较短时，结构上就难以实现，通常采用图 2-14（c）所示的偏心轮机构，其偏心圆盘的偏心距 e 就是曲柄的长度。这种结构减少了曲柄的驱动力，增大了转动副的尺寸，提高了曲柄的强度和刚度，广泛应用于冲压机床、破碎机等承受较大冲击载荷的机械中。

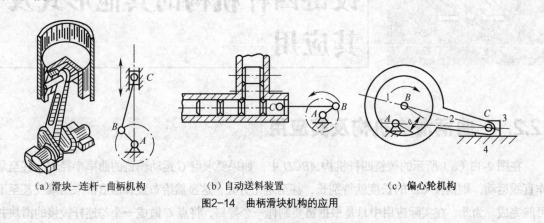

（a）滑块-连杆-曲柄机构　　　　（b）自动送料装置　　　　　　（c）偏心轮机构

图2-14　曲柄滑块机构的应用

2.2.2　导杆机构及其应用

在对心曲柄滑块机构中，导路是固定不动的，如果将导路做成导杆 4 铰接于点 A，使之能够绕点 A 转动，并使 AB 杆固定，就变成了导杆机构，如图 2-15 所示。当 $AB < BC$ 时，导杆能够做整周的回转运，称旋转导杆机构，如图 2-15（a）所示。当 $AB > BC$ 时，导杆 4 只能做作不足一周的回转，称摆动导杆机构，如图 2-15（b）所示。

导杆机构具有很好的传力性，在插床、刨床等要求传递重载的场合得到广泛应用。图 2-16（a）所示为插床的工作机构，图 2-16（b）所示为牛头刨床的工作机构。

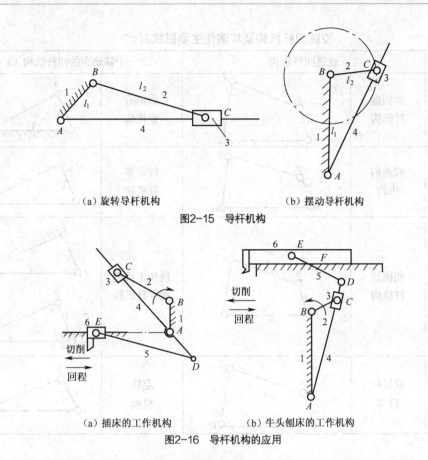

（a）旋转导杆机构　　　　　　　　　（b）摆动导杆机构

图2-15　导杆机构

（a）插床的工作机构　　　　　　　（b）牛头刨床的工作机构

图2-16　导杆机构的应用

2.2.3　摇块机构和定块机构及其应用

在对心曲柄滑块机构中，将与滑块铰接的构件固定成机架，使滑块只能摇摆不能移动，就成为摇块机构，如图 2-17（a）所示。摇块机构在液压与气压传动系统中应用广泛，图 2-17（b）所示为摇块机构在自卸货车上的应用，以车架为机架 AC，液压缸筒 3 与车架铰接于点 C 成摇块，主动件活塞及活塞杆 2 可沿缸筒中心线往复移动成导路，带动车箱 1 绕点 A 摆动实现卸料或复位。将对心曲柄滑块机构中的滑块固定为机架，就成了定块机构。

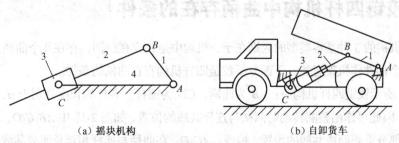

（a）摇块机构　　　　　　　　　　（b）自卸货车

图2-17　摇块机构及其应用

表 2-1 列出了铰链四杆机构及其演化的主要形式对比。

表 2-1　　　　　　　　　　　铰链四杆机构及其演化主要形式对比

固定构件	铰链四杆机构		含一个移动副的四杆机构（$e=0$）	
4	曲柄摇杆机构		曲柄滑块机构	
1	双曲柄机构		转动导杆机构	
2	曲柄摇杆机构		摇块机构摆动导杆机构	
3	双摇杆机构		定块机构	

2.3　平面四杆机构的工作特性

2.3.1　铰链四杆机构中曲柄存在的条件

　　铰链四杆机构的3种基本类型的区别在于，机构中是否存在曲柄，存在几个曲柄，与各构件的尺寸及取哪一个构件作机架有关。下面分析铰链四杆机构存在曲柄的条件。

　　在图 2-18 所示铰链四杆机构中：AB 为曲柄，CD 为摇杆，各杆的长度分别为 a、b、c、d。由于 AB 为曲柄，因此可作出整圈转动时两次与连杆共线的位置，如图 2-18 中 AB_1C_1D、AB_2C_2D 所示。在曲柄与连杆部分重叠而成共线的位置，构成 $\triangle AC_1D$；在曲柄与连杆相延长而成共线的位置，构成 $\triangle AC_2D$。

　　根据三角形两边之和必大于第三边，故由 $\triangle AC_1D$ 得

$$c < (b - a) + d$$
$$d < (b - a) + c$$

移项得

$$a + c < b + d$$
$$a + d < b + c$$

由 $\triangle AC_2D$ 得

$$a + b < c + d$$

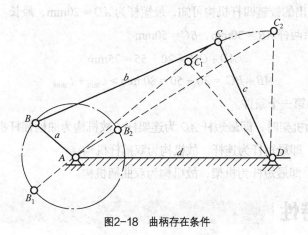

图2-18　曲柄存在条件

由于 $\triangle AC_1D$ 与 $\triangle AC_2D$ 的形状随各杆的相对长度不同而变化，故考虑三角形变为一条直线的特殊情况，此时，曲柄与连杆成一条直线的位置即四杆共线的位置。在曲柄与另一杆长度之和正好等于其余两杆长度之和时才出现这一特殊情况。于是上面三式应写为

$$a + c \leq b + d$$
$$a + d \leq b + c$$
$$a + b \leq c + d$$

将上述三式中每两式相加并简化，可得

$$a \leq b$$
$$a \leq c$$
$$a \leq d$$

由此可以归纳出铰链四杆机构中存在曲柄的条件如下。

条件一：最短杆与最长杆长度之和小于或等于其余两杆长度之和（简称长度和条件）。

条件二：连架杆和机架中必有一杆为最短杆（简称最短杆条件）。

通过分析可得如下结论。

（1）铰链四杆机构中，如果最短杆与最长杆的长度之和小于或等于其余两杆长度之和，则根据机架选取的不同，分为下列 3 种情况。

① 取与最短杆相邻的杆为机架，则最短杆为曲柄，另一连架杆为摇杆，组成曲柄摇杆机构。

② 取最短杆为机架，则两连架杆均为曲柄，组成双曲柄机构。

③ 取最短杆对面的杆为机架，则两连架杆均为摇杆，组成双摇杆机构。

（2）铰链四杆机构中，如果最短杆与最长杆的长度之和大于其余两杆长度之和，则不论取哪一杆为机架，都没有曲柄存在，均为双摇杆机构。

【例2-1】 铰链四杆机构 $ABCD$ 的各杆长度如图2-19所示。请根据基本类型判别准则，说明机构分别以 AB、BC、CD、AD 各杆为机架时属于何种机构。

【解】：分析题目给出的铰链四杆机构可知，最短杆为 $AD = 20\text{mm}$，最长杆为 $CD = 55\text{mm}$，其余两杆 $AB = 30\text{mm}$、$BC = 50\text{mm}$。

因为
$$AD + CD = 20 + 55 = 75\text{mm}$$
$$AB + BC = 30 + 50 = 80\text{ mm} > L_{\min} + L_{\max}$$

故满足曲柄存在的第一个条件。

① 以 AB 或 CD 为机架时，即最短杆 AD 为连架杆，故机构为曲柄摇杆机构。

② 以 BC 为机架，即最短杆为连杆，故机构为双摇杆机构。

③ 以 AD 为机架，即最短杆为机架，故机构为双曲柄机构。

2.3.2　急回特性

在图 2-20 所示的曲柄摇杆机构中，设曲柄 AB 为主动件。曲柄在旋转过程中每周有两次与连杆重叠，如图 2-20 中的 B_1AC_1 和 AB_2C_2 两位置。这时的摇杆位置 C_1D 和 C_2D 称为极限位置，简称极位。C_1D 与 C_2D 的夹角 φ 称为最大摆角。曲柄处于两极位 AB_1 和 AB_2 的夹角锐角 θ 称为极位夹角。设曲柄以等角速度 ω_1 顺时针转动，从 AB_1 转到 AB_2 和从 AB_2 到 AB_1 所经过的角度为（$180° + \theta$）和（$180° - \theta$），所需的时间为 t_1 和 t_2，相应的摇杆上点 C 经过的路线为 C_1C_2 弧和 C_2C_1 弧，点 C 的线速度为 v_1 和 v_2，显然有 $t_1 > t_2$，$v_1 < v_2$。这种返回速度大于推进速度的现象称为急回特性，通常用 v_1 与 v_2 的比值 K 来描述急回特性，称为行程速比系数，即

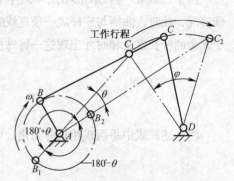

图2-20　曲柄摇杆机构的运动特性

$$K = \frac{v_2}{v_1} = \frac{C_1C_2 / t_2}{C_2C_1 / t_1} = \frac{t_1}{t_2} = \frac{180° + \theta}{180° - \theta} \tag{2.1}$$

或
$$\theta = 180° \frac{K-1}{K+1} \tag{2.2}$$

可见，θ 越大，K 值就越大，急回特性就越明显。在机械设计时可根据需要先设定 K 值，然后算出 θ 值，再由此计算出各构件的长度尺寸。

急回特性在实际应用中广泛用于单向工作的场合，使空回程所用的非生产时间缩短以提高生产率，例如牛头刨床滑枕的运动。

|2.3.3 传力特性|

1. 压力角和传动角

在工程应用中连杆机构除了要满足运动要求外，还应具有良好的传力性能，以减小结构尺寸和提高机械效率。下面在不计重力、惯性力和摩擦作用的前提下，分析曲柄摇杆机构的传力特性。如图 2-21 所示，主动曲柄的动力通过连杆作用于摇杆上的点 C，驱动力 F 必然沿 BC 方向，将 F 分解为切线方向和径向方向的两个分力 F_t 和 F_n，切向分力 F_t 与点 C 的运动方向 v_c 同向。由图 2-21 可知

$$F_t = F\cos\alpha \ 或 \ F_t = F\sin\gamma$$

$$F_n = F\sin\alpha \ 或 \ F_n = F\cos\gamma$$

α 角是 F_t 与 F 的夹角，称为机构的压力角，即驱动力 F 与点 C 的运动方向的夹角。α 随机构的不同位置有不同的值。它表明了在驱动力 F 不变时，推动摇杆摆动的有效分力 F_t 的变化规律，α 越小，F_t 就越大。

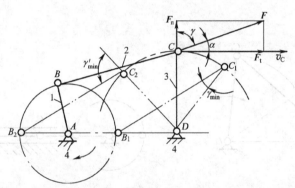

图2-21 曲柄摇杆机构的压力角和传动角

压力角 α 的余角 γ 是连杆与摇杆所夹锐角，称为传动角。由于 γ 更便于观察，所以通常用来检验机构的传力性能。传动角 γ 随机构的不断运动而相应变化，为保证机构有较好的传力性能，应控制机构的最小传动角 γ_{min}。一般可取 $\gamma_{min} \geq 40°$，重载高速场合取 $\gamma_{min} \geq 50°$。曲柄摇杆机构的最小传动角出现在曲柄与机架共线的两个位置之一，如图 2-21 所示的点 B_1 或点 B_2 位置。

偏置曲柄滑块机构，以曲柄为主动件，滑块为工作件，传动角 γ 为连杆与导路垂线所夹锐角，如图 2-22 所示。最小传动角 γ_{min} 出现在曲柄垂直于导路时的位置，并且位于与偏距方向相反一侧。对于对心曲柄滑块机构，即偏距 $e = 0$ 的情况，显然其最小传动角 γ_{min} 出现在曲柄垂直于导路时的位置。

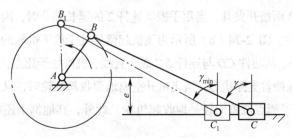

图2-22 曲柄滑块机构的传动角

对以曲柄为主动件的摆动导杆机构，因为滑块对导杆的作用力始终垂直于导杆，其传动角γ恒为$90°$，即$\gamma=\gamma_{min}=\gamma_{max}=90°$，表明导杆机构具有最好的传力性能。

2. 死点

从$F_t=F\cos\alpha$可知，当压力角$\alpha=90°$时，对从动件的作用力或力矩为零，此时连杆不能驱动从动件工作，机构处在的这个位置称为死点。如图2-23（a）所示的曲柄摇杆机构，当从动曲柄AB与连杆BC共线时，压力角$\alpha=90°$，传动角$\gamma=0$；如图2-23（b）所示的曲柄滑块机构，如果以滑块作主动，则当从动曲柄AB与连杆BC共线时，外力F无法推动从动曲柄转动。机构处于死点位置，一方面驱动力作用降为零，从动件要依靠惯性越过死点；另一方面是方向不定，可能因偶然外力的影响造成反转。

四杆机构是否存在死点，取决于从动件是否与连杆共线。例如图2-23（a）所示的曲柄摇杆机构，如果将摇杆主动改为曲柄主动，则摇杆为从动件，因连杆BC与摇杆CD不存在共线的位置，故不存在死点。又例如图2-23（b）所示的曲柄滑块机构，如果改为曲柄主动，就不存在死点。

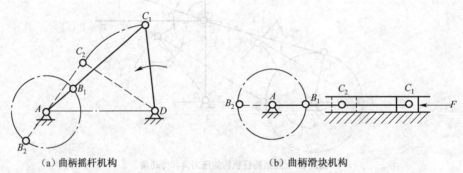

（a）曲柄摇杆机构　　　　　　　　　（b）曲柄滑块机构

图2-23　平面四杆机构的死点位置

死点的存在对机构运动是不利的，应尽量避免出现死点。当无法避免时，一般可以采用加大从动件惯性的方法，靠惯性帮助通过死点，例如内燃机曲轴上的飞轮。也可以采用机构错位排列的方法，靠两组机构死点位置差的作用通过各自的死点。

在实际工程应用中，有许多场合是利用死点位置来实现一定工作要求的。如图2-24（a）所示为一种快速夹具，要求夹紧工件后夹紧反力不能自动松开夹具，所以将夹头构件1看成主动件，当连杆2和从动件3共线时，机构处于死点，夹紧反力N对摇杆3的作用力矩为零。这样，无论N有多大，也无法推动摇杆3而松开夹具。当用手搬动连杆2的延长部分时，因主动件的转换破坏了死点位置而轻易地松开工件。图2-24（b）所示为飞机起落架处于放下机轮的位置，地面反力作用于机轮上使AB件为主动件，从动件CD与连杆BC成一直线，机构处于死点，只要将很小的锁紧力作用于CD杆即可有效地保持着支撑状态。当飞机升空离地要收起机轮时，只要用较小力量推动CD，因主动件改为CD破坏了死点位置而轻易地收起机轮。此外，其他例子还有汽车发动机盖、折叠椅等。

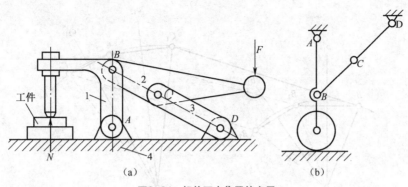

图2-24 机构死点位置的应用

2.4 平面四杆机构的设计

平面四杆机构设计的主要任务是根据机构的工作要求和设计条件选定机构形式，确定各构件的尺寸参数。一般可归纳为下面两类问题。

（1）实现给定的运动规律，如要求满足给定的行程速度变化系数以实现预期的急回特性或实现连杆的几个预期的位置要求。

（2）实现给定的运动轨迹，如要求连杆上的某点具有特定的运动轨迹，如起重机中吊钩的轨迹为一水平直线，搅拌机上点 E 的曲线轨迹等。

为了使机构设计得合理、可靠，还应考虑几何条件和传力性能要求等。

平面四杆机构的设计方法有图解法、解析法和实验法。三种方法各有特点，图解法和实验法直观、简单，但精度较低，可满足一般设计要求；解析法精确度高，适于用计算机计算，随着计算机的普及，计算机辅助设计四杆机构已成必然趋势。本书主要介绍图解法。

2.4.1 按给定连杆位置设计四杆机构

1. 按连杆的三个预定位置设计四杆机构

如图 2-25 所示，已知连杆的长度 BC 以及它运动中的三个必经位置 B_1C_1、B_2C_2、B_3C_3，要求设计该铰链四杆机构。

图形分析：

由于连杆上的点 B 和点 C 分别与曲柄和摇杆上的点 B 和点 C 重合，而点 B 和点 C 的运动轨迹则是以曲柄和摇杆的固定铰链中心为圆心的一段圆弧，所以只要找到这两段圆弧的圆心位置即可确定该机构。

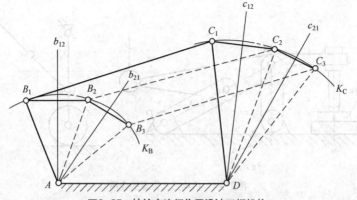

图2-25　按给定连杆位置设计四杆机构

设计步骤：

（1）选取适当的比例尺μ_l；按照连杆长度l_{BC}及BC的三个已知位置画出B_1C_1、B_2C_2、B_3C_3。

（2）连接B_1B_2、B_2B_3和C_1C_2、C_2C_3，分别作它们的垂直平分线b_{12}、b_{23}和c_{12}、c_{23}；b_{12}和b_{23}的交点就是固定铰链的中心A，c_{12}和c_{23}的交点就是固定铰链的中心D_2。

（3）连接AB_1C_1D，则AB_1C_1D即为所要设计的四杆机构。

（4）量出AB_1和C_1D的长度，由比例尺求得曲柄和摇杆的实际长度。

$$l_{AB} = \mu_l \times AB_1 \qquad l_{CD} = \mu_l \times C_1D$$

2. 按连杆的两个预定位置设计四杆机构

由上面的分析可知，若已知连杆的两个预定位置，同样可转化为已知圆弧上两点求圆心的问题，而此时的圆心可以为两点中垂线上的任意一点，故有无穷多解。这一问题，在实际设计中，是通过给出辅助条件来加以解决的。

【例2-2】　设计一砂箱翻转机构。翻台在位置Ⅰ处造型，在位置Ⅱ处起模，翻台与连杆BC固连成一体，$l_{BC}=0.5$m，机架AD为水平位置，如图2-26所示。

【解】：由题意可知此机构的两连杆位置，图形分析同前。

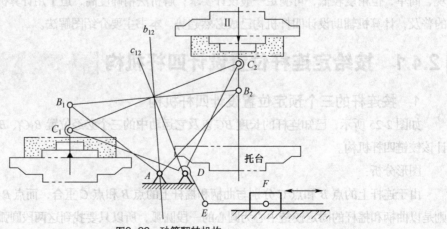

图2-26　砂箱翻转机构

作图步骤如下。

（1）取 $\mu_l = 0.1\text{m/mm}$，则 $BC = l_{BC} / \mu_l = 0.5 / 0.1 = 5\text{mm}$，在给定位置作 B_1C_1、B_2C_2。

（2）作 B_1B_2 的中垂线 b_{12}、C_1C_2 的中垂线 c_{12}。

（3）按给定机架位置作水平线，与 b_{12}、c_{12} 分别交于点 A、D。

（4）连接 AB_1 和 C_1D，即得到各构件的长度为

$$l_{AB} = \mu_l \times AB_1 = 0.1 \times 25 = 2.5\text{m}$$
$$l_{CD} = \mu_l \times C_1D = 0.1 \times 27 = 2.7\text{m}$$
$$l_{AD} = \mu_l \times AD = 0.1 \times 8 = 0.8\text{m}$$

2.4.2　按给定的行程速度变化系数设计四杆机构

1. 曲柄摇杆机构

设已知摇杆 CD 的长度为 l_{CD} 和最大摆角为 ψ，行程速度变化系数为 K，试设计该曲柄摇杆机构。

设计步骤如下。

（1）由给定的行程速度变化系数 K，计算出极位夹角 θ：

$$\theta = 180° \frac{K-1}{K+1}$$

（2）取适当的长度比例尺 μ_l，按摇杆的尺寸 l_{CD} 和最大摆角 ψ 作出摇杆的两个极限位置 C_1D 和 C_2D，如图 2-27 所示。

（3）连接 C_1C_2 为底边，作 $\angle C_1C_2O = \angle C_2C_1O = 90° - \theta$ 的等腰三角形，以顶点 O 为圆心，C_1O 为半径作辅助圆，此辅助圆上 C_1C_2 弧所对的圆心角等于 2θ，故其圆周角为 θ。

（4）在辅助圆上任取一点 A，连接 AC_1、AC_2，即能求得满足 K 要求的四杆机构。

$$l_{AB} = \mu_l \frac{AC_2 - AC_1}{2}$$
$$l_{BC} = \mu_l \frac{AC_2 + AC_1}{2}$$

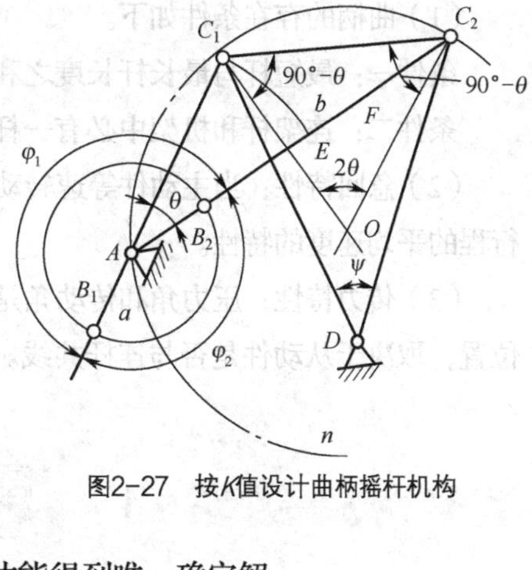

图2-27　按 K 值设计曲柄摇杆机构

应注意：由于点 A 是任意取的，所以有无穷解，只有加上辅助条件，如机架 AD 长度或位置，或最小传动角等，才能得到唯一确定解。

2. 导杆机构

已知曲柄摆动导杆机构的机架长度 l_{AD} 和行程速度变化系数 K，试设计该机构。

设计步骤如下。

（1）由给定的行程速度变化系数 K，计算出极位夹角 θ（也即摆角 φ）。

（2）任取一点 D，作 $\angle mDn = \theta$，如图 2-28 所示。

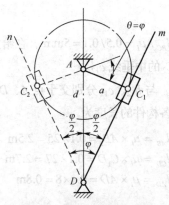

图2-28 按K值设计导杆机构

（3）任取适当的长度比例尺 μ_l ，作角平分线，在平分线上取 $DA = l_{AD}$ ，可以求得曲柄回转中心 A 。

（4）过点 A 作导杆任一极限位置垂线 AC_1（或 AC_2），则 AC_1 即为曲柄长度，$l_{AC} = \mu_l \times AC_1$ 。

本章小结

1. 铰链四杆机构的基本形式。铰链四杆机构分为 3 种基本形式：曲柄摇杆机构、双曲柄机构和双摇杆机构。

2. 平面四杆机构的工作特性。

（1）曲柄的存在条件如下。

条件一：最短杆与最长杆长度之和小于或等于其余两杆之和。

条件二：连架杆和机架中必有一杆为最短杆。

（2）急回特性：当主动件等速转动时，作往复运动的从动件在返回行程中的平均速度大于工作行程的平均速度的特性。

（3）传力特性：压力角和传动角是反映机构传力性能的重要指标。平面四杆机构是否存在死点位置，取决于从动件是否与连杆共线。

思考与练习题

1. 什么是平面连杆机构？

2. 铰链四杆机构按运动形式可分为哪 3 种类型？各有什么特点？试举出应用实例。

3. 铰链四杆机构中曲柄存在的条件是什么？

4. 机构的急回特性有何作用？判断四杆机构有无急回特性的根据是什么？

5. 什么是极位夹角？有什么用处？

6. 什么是死点位置，在这个位置机构有什么特征？

7. 根据图 2-29 所示的尺寸和机架判断铰链四杆机构的基本形式。

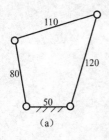

(a)

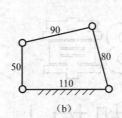

(b)

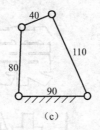

(c)

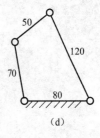

(d)

图2-29

8. 有一个铰链四杆机构 $ABCD$，已知 $l_{BC} = 100\text{mm}$，$l_{CD} = 70\text{mm}$，$l_{AD} = 50\text{mm}$，AD 为机架，则：

（1）若该机构为曲柄摇杆机构，求 l_{AB} 的取值范围。

（2）若该机构为双曲柄机构，求 l_{AB} 的取值范围。

Chapter

3

第3章

| 凸轮机构 |

【学习目标】

1. 掌握反转法的基本原理。

2. 掌握用图解法绘制盘形凸轮轮廓曲线的方法。

在工程实践中，经常要求某些机械的从动件按照预定的运动规律变化，采用凸轮机构可精确地实现所要求的运动。如果采用平面连杆机构，一般只能近似地实现预定的运动规律，难以满足要求，而且设计较为困难和复杂。

凸轮机构的组成及应用

| 3.1.1 凸轮机构的组成 |

下面通过一个生产实例来说明凸轮机构的组成。

图 3-1 所示为内燃机配气凸轮机构。具有曲线轮廓的构件 1 叫做凸轮，当它作等速转动时，其曲线轮廓通过与推杆 2 的平底接触，使气阀有规律地开启和闭合。工作对气阀的动作程序及其速度和加速度都有严格的要求，这些要求都是通过凸轮的轮廓曲线来实现的。

当凸轮运动时，通过凸轮上的曲线轮廓与从动件的高副接触，可使从动件获得预期的运动。凸轮机构是由凸轮、从动件和机架这 3 个基本构件所组成的一种高副机构。

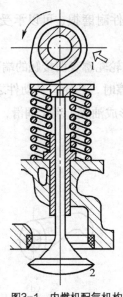

图3-1 内燃机配气机构

|3.1.2 凸轮机构的分类|

凸轮机构的类型很多，通常按凸轮和从动件的形状、运动形式分类。

1. 按凸轮的形状分类

（1）盘形凸轮。盘形凸轮是凸轮的最基本型式。这种凸轮是一个绕固定轴转动并且具有变化半径的盘形零件，如图 3-2（a）所示。

（2）移动凸轮。当盘形凸轮的回转中心趋于无穷远时，凸轮相对机架作直线运动，这种凸轮称为移动凸轮，如图 3-2（b）所示。

（3）圆柱凸轮。将移动凸轮卷成圆柱体即成为圆柱凸轮，如图 3-2（c）所示。

（a）盘形凸轮　　　　　　　（b）移动凸轮　　　　　　（c）圆柱凸轮
图3-2 凸轮的类型

2. 按从动件端部机构的形状分类

（1）尖顶从动件。如图 3-3（a）所示，尖顶能与任意复杂的凸轮轮廓保持接触，因而能实现任意预期的运动规律。但因为尖顶磨损快，所以只宜用于受力不大的低速凸轮机构中。

（2）滚子从动件。如图 3-3（b）所示，在从动件的尖顶处安装一个滚子从动件，可以克服尖顶从动件易磨损的缺点。滚子从动件耐磨损，可以承受较大载荷，是最常用的一种从动件型式。

（3）平底从动件。这种从动件与凸轮轮廓表面接触的端面为一平面，所以它不能与凹陷的凸轮轮廓相接触。其优点是：不考虑摩擦时，凸轮与从动件之间的作用力始终与从动件的平底相垂直，传动效率较高，且接触面易于形成油膜，利于润滑，常用于高速凸轮机构，如图3-3（c）所示。

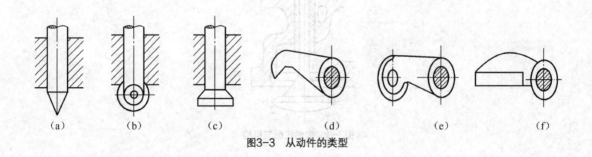

| (a) | (b) | (c) | (d) | (e) | (f) |

图3-3　从动件的类型

3. 按从动件的运动形式分类

从动件可相对于机架作往复移动或摆动，因此，按照从动件的运动形式可分为直动从动件和摆动从动件两种。图 3-3（a）、（b）、（c）所示为直动从动件，图 3-3（d）、（e）、（f）所示为摆动从动件。

|3.1.3　凸轮机构的应用|

凸轮机构广泛地应用在各种机械和自动控制装置中。

图 3-4 所示为自动机床上控制刀架运动的凸轮机构。当圆柱凸轮 1 回转时，凸轮凹槽侧面迫使杆 2 运动，以驱动刀架运动。凹槽的形状将决定刀架的运动规律。

图 3-5 所示为冲床的送料机构。其中构件 3 为机架，凸轮 1 作往复移动，并用其曲线轮廓驱动从动件送料杆 2 往复移动，完成推送料的动作。

图 3-6 所示为一绕线机中的凸轮机构。其中构件 3 为机架，主动件凸轮 1 作等速转动，并用其曲线轮廓驱动从动件布线杆 2 往复摆动，使线均匀地缠绕在绕线轴上。

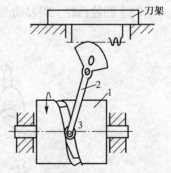

图3-4　自动机床上控制刀架机构

凸轮机构结构简单、紧凑，设计方便，只需设计适当的凸轮轮廓，便可以使从动件实现预期运动规律。缺点是凸轮轮廓与从动件之间是点或线接触，易于磨损，通常用于传力不大的控制机械中。

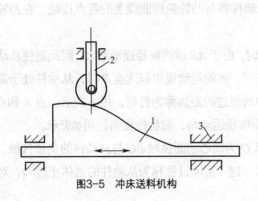

图3-5 冲床送料机构

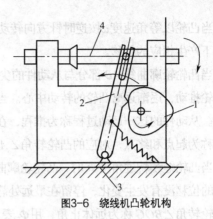

图3-6 绕线机凸轮机构

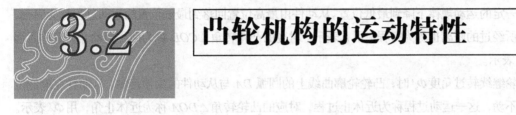

3.2 凸轮机构的运动特性

3.2.1 凸轮机构的运动分析

在凸轮机构中，从动件的运动是由凸轮轮廓曲线的形状决定的。进行凸轮机构运动分析的目的在于分析从动件的运动规律，即从动件的位移 s、速度 v 和加速度 a。

图 3-7 所示为对心直动尖顶从动件盘形凸轮机构。其中以凸轮轮廓曲线的最小向径为半径所作的圆称为凸轮的基圆，基圆半径用 r_b 表示。在图示位置上，从动件的尖顶与凸轮轮廓曲线在点 A 接触。该点距凸轮的转动中心 O 最近，因此从动件在点 A 位于上升的起始位置，这时从动件处于最低位置。

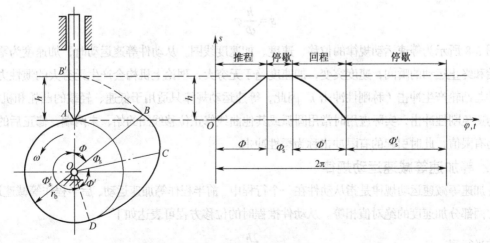

图3-7 凸轮机构的运动过程

当凸轮以等角速度ω按逆时针方向转动时，从动件将与凸轮轮廓曲线上的各点接触，在凸轮的推动下产生相应的位移。

当凸轮轮廓曲线 AB 部分与从动件的尖顶接触时，由于 AB 段的向径逐渐增大，因此迫使从动件被凸轮推动，逐渐远离凸轮的转动中心。当尖顶按照一定的运动规律到达点 B 时，从动件处于最高位置。从动件的这一运动过程称为推程，在推程中所经过的距离称为行程，用 h 表示。点 A 和点 B 分别称为起点和终点，对应的凸轮转角∠AOB 称为推程运动角，简称推程角，用 Φ 表示。

当凸轮继续转过角度 Φ_s 时，凸轮轮廓曲线上以 O 为圆心的圆弧段 BC 与从动件的尖顶接触，从动件的位移没有发生变化，停留在最远处静止不动。这一运动过程称为从动件的远休止过程，对应的凸轮转角∠BOC 称为远休止角，用 Φ_s 表示。

凸轮继续转动，凸轮轮廓曲线 CD 部分与从动件的尖顶接触，由于 CD 段的向径逐渐减小，从动件按照一定的运动规律下降到最低位置。从动件由最高位置回落到最低位置的运动过程称为回程，在回程中所经过的距离也称为行程，用 h 表示。对应的凸轮转角∠COD 称为回程运动角，简称回程角，用 Φ' 表示。

当凸轮继续转过角度 Φ_s' 时，凸轮轮廓曲线上的圆弧 DA 与从动件的尖顶接触，从动件在最低位置上静止不动，这一运动过程称为近休止过程，对应的凸轮转角∠DOA 称为近休止角，用 Φ_s' 表示。

至此，凸轮机构完成了一个运动循环。显然，当凸轮继续转动时，从动件重复进行上述的运动循环。

3.2.2　从动件常用的运动规律

根据凸轮机构的运动分析，从动件常用的运动规律有等速运动、等加速等减速运动、简谐（余弦加速度）运动规律等。

1. 等速运动规律

从动件在运动过程中，运动速度为定值的运动规律，称为等速运动规律。位移方程可表达为

$$s = \frac{h}{\Phi}\varphi \tag{3.1}$$

图 3-8 所示为等速运动规律的位移、速度、加速度线图。从动件等速运动时，加速度为零。但在开始和终止运动的瞬间，速度突变，加速度趋于无穷大，理论上机构会产生无穷大的惯性力，使从动件与凸轮产生冲击（称刚性冲击）。因此，等速运动规律只适用于低速、轻载的凸轮和机构。

为避免刚性冲击，实际应用时常用圆弧或其他曲线修正位移线图的始、末两端，修正后的加速度 a 为有限值，此时引起的有限冲击称为柔性冲击。

2. 等加速等减速运动规律

等加速等减速运动规律是指从动件在一个行程中，前半程作等加速运动，后半程作等减速运动，且通常两部分加速度的绝对值相等。从动件推程时的位移方程可表达如下。

前半行程：
$$s = \frac{2h}{\Phi^2}\varphi^2 \tag{3.2}$$

后半行程：
$$s = h - \frac{2h}{\Phi^2}(\Phi - \varphi)^2 \tag{3.3}$$

图 3-9 所示为等加速等减速运动规律的位移、速度、加速度线图。

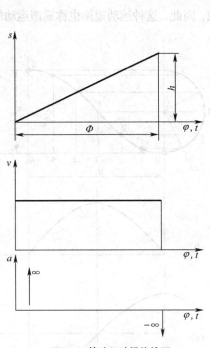

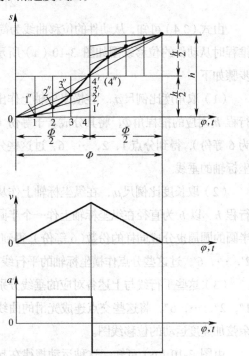

图3-8　等速运动规律线图　　　　　　　　　图3-9　等加速等减速运动规律线图

等加速等减速位移线图的作图步骤如下。

（1）取长度比例尺 μ_l，在纵坐标轴上作出从动件的行程 h，并将其分成相等的两部分。

（2）取角度比例尺 μ_φ，在横坐标轴上作出凸轮与行程 h 对应的推程角 Φ，将其也分成相等的两部分。

（3）过各分点分别作坐标轴的垂线，得到 4 个矩形。

（4）在左下方的矩形中，将 $\Phi/2$ 分成若干等份（图中分为 4 等份），得到 1、2、3、4 各点，过这些分点分别作横坐标的垂线。同时将 $h/2$ 也分为相同的等份（4 等份），得到 1′、2′、3′、4′各点。

（5）将坐标原点 O 分别与 1′、2′、3′、4′相连，得到连线 $O1'$、$O2'$、$O3'$、$O4'$。各连线与相应的垂线分别交于点 1″、2″、3″和 4″，将点 O、1″、2″、3″和 4″连成光滑的曲线，即为前半行程的等加速运动的位移线图。

（6）在右上方的矩形中，可画出后半程等减速运动规律的位移线图，画法与上述类似，只是抛物线的开口方向向下。

等加速等减速运动规律在运动的开始点、中间点和终止点，从动件的加速度突变为有限值，将产生有限的惯性力，从而引起柔性冲击。因此，等加速等减速运动适用于中速场合。

3. 余弦加速度运动规律

余弦加速度运动规律是指从动件的加速度为 1/2 个周期的余弦曲线，如图 3-10 所示。

从动件推程时的位移方程可表达为

$$s = \frac{h}{2}\left[1 - \cos\left(\frac{\pi}{\Phi}\varphi\right)\right] \qquad (3.4)$$

由式（3.4）可知，从动件的位移曲线为简谐运动曲线，因此，这种运动规律也称简谐运动规律。推程时从动件的位移线图如图 3-10（a）所示，作图步骤如下。

（1）取角度比例尺 μ_φ，在横坐标轴上作出凸轮与行程 h 对应的推程角 Φ，将其分成若干等份（图中分为 6 等份），得到分点 1，2，…，6，过这些分点作横坐标轴的垂线。

（2）取长度比例尺 μ_l，在纵坐标轴上作从动件的行程 h。以 h 为直径在纵坐标轴上作一个半圆，将该半圆的圆周也分成同样的份数（6 等份），得到分点 1′，2′，…，6′，过这些分点作横坐标轴的平行线。

（3）这些平行线与上述各对应的垂线分别交于点 1″，2″，…，6″，将这些交点连成光滑的曲线，即为余弦加速度运动的位移线图。

由图 3-10（c）可知，这种运动规律在起点和终点两个位置的加速度为有限值的突变，因此，也会引起柔性冲击。故一般情况下只是适用于中速场合。

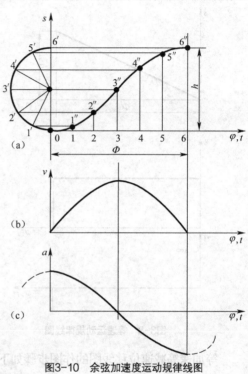

图3-10　余弦加速度运动规律线图

3.3　盘状凸轮轮廓曲线的绘制

根据工作条件要求，选定了凸轮机构的类型、凸轮转向、凸轮的基圆半径和从动件的运动规律后，就可以进行凸轮轮廓曲线的设计。凸轮轮廓曲线的设计有图解法和解析法：图解法简便易行、直观，但精确度低。不过，只要细心作图，其图解的准确度是能够满足一般工程要求的；解析法精确度较高，但设计工作量大，可利用计算机进行计算。本节只介绍图解法。

3.3.1　图解法绘制凸轮轮廓曲线的基本原理

凸轮机构工作时，通常凸轮是运动的。用图解法绘制凸轮轮廓曲线时，却需要凸轮与图面相对静止。为此，通常应用"反转法"，其原理如下。

图 3-11 所示为一对心移动尖顶从动件盘形凸轮机构。设凸轮的轮廓曲线已按预定的从动件运动规律设计。当凸轮以角速度 ω_1 绕轴 O 转动时，从动件的尖顶沿凸轮轮廓曲线相对其导路按预定的运动规律移动。现设想给整个凸轮机构加上一个公共角速度 $-\omega_1$，此时凸轮将不动。根据相对运动原理，凸轮和从动件之间的相对运动并未改变。这样从动件一方面随导路以角速度 $-\omega_1$ 绕轴 O 转动，另一方面又在导路中按预定的规律作往复移动。由于从动件尖顶始终与凸轮轮廓相接触，显然，从动件在这种复合运动中，其尖顶的运动轨迹即凸轮轮廓曲线。这种以凸轮作运动参考系，按相对运动原理设计凸轮轮廓曲线的方法称为反转法。

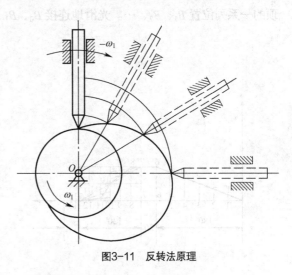

图3-11　反转法原理

用"反转法"绘制凸轮轮廓在已知从动件位移线图和基圆半径等之后，主要包含 3 个步骤：将凸轮的转角和从动件位移线图分成对应的若干等份；用"反转法"画出反转后从动件各导路的位置；根据所分的等份量得出从动件相应的位移，从而得到凸轮的轮廓曲线。

3.3.2　对心直动尖顶从动件盘形凸轮轮廓曲线的绘制

已知基圆半径 $r_b = 20\text{mm}$，凸轮按顺时针方向转动，从动件的行程 $h = 12\text{mm}$，表 3-1 列出了从动件的运动规律。

表 3-1　从动件的运动规律

凸轮转角	0°～180°	180°～210°	210°～330°	330°～360°
从动件的运动规律	等速上升 12mm	停歇	以等加速等减速规律回到原位	停歇

如图 3-12 所示，绘制步骤如下。

（1）选择比例尺 μ_l、μ_φ，绘制从动件的位移曲线。

取长度比例尺 $\mu_l = 1\text{mm/mm}$ 和角度比例尺 $\mu_\varphi = 6°/\text{mm}$，沿横坐标轴的推程角和回程角范围内作一定的等分，并通过各等分点作 φ 轴垂线，与位移曲线相交，即得相应凸轮转到各转角时从动件的位移 11′，22′，33′…，即 $S_1 = 11'$，$S_2 = 22'$，…如图 3-12（a）所示。

（2）选取同样的长度比例尺画出基圆。

以 O 为圆心，$OB_0 = r_b/\mu_l = 20/1 = 20\text{ mm}$ 为半径作基圆，该基圆与从动件导路中心线的交点 B_0 即从动件尖顶的起始位置，自 OB_0 沿逆时针方向（$-\omega$）按位移线图中划分的角度将基圆分成相应的等份，得 C_1，C_2，…各点。它们便是反转以后从动件导路中心线的各个位置，如图 3-12（b）

所示。

（3）连接 OC_1、OC_2、…，并延长各向径，取 $B_1C_1 = s_1$，$B_2C_2 = s_2$，…，得到反转后从动件尖顶的一系列位置 B_1、B_2、…。光滑地连接 B_0、B_1、B_2、…各点，即得所要求的凸轮轮廓曲线。

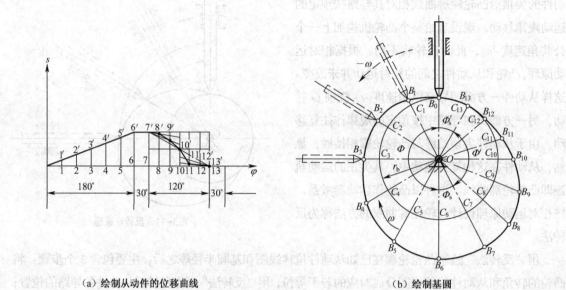

（a）绘制从动件的位移曲线　　　　　　　　　　　（b）绘制基圆

图3-12　对心直动尖顶从动件盘形凸轮的轮廓曲线

3.3.3　对心直动滚子从动件盘形凸轮轮廓曲线的绘制

对心滚子直动从动件盘形凸轮轮廓曲线（见图3-13）的绘制可分为两个步骤。

（1）将滚子的中心看作是尖顶从动件的尖顶，按前述方法，绘制尖顶从动件凸轮轮廓曲线，该曲线称为凸轮的理论轮廓曲线。

（2）以理论轮廓曲线上各点为圆心，以滚子半径为半径，作一系列的滚子圆，然后作这些滚子圆的内包络线，此包络线即所求的滚子从动件凸轮轮廓曲线，称为凸轮的实际轮廓曲线。

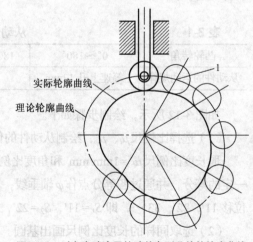

图3-13　对心直动滚子从动件盘形凸轮的轮廓曲线

由作图方法可知，滚子从动件凸轮机构工作时，滚子中心的位置刚好就是尖顶从动件的尖顶位置，因而从动件的运动规律与原来的位移曲线相一致。

用作图法设计凸轮轮廓曲线时应注意以下两点。

（1）基圆是指凸轮理论轮廓曲线上的基圆。

（2）凸轮理论轮廓曲线与实际轮廓曲线是等矩曲线。

3.4 凸轮机构的常用材料和结构

3.4.1 凸轮常用材料

凸轮机构主要的失效形式是磨损和疲劳点蚀，这就要求凸轮和滚子的工作表面硬度高、耐磨，并且有足够的表面接触强度，对于经常受冲击的凸轮机构要求凸轮芯部有较大的韧性。

低速、中小载荷的一般场合，凸轮采用 45 钢、40Cr 表面淬火（硬度 40～45HRC），也可采用 15 钢、20Cr、20CrMnTi 经渗碳淬火，硬度达 56～62HRC。

滚子材料可采用 20Cr，经渗碳淬火，表面硬度达 56～62HRC；也可用滚动轴承作为滚子。

3.4.2 凸轮的结构

除尺寸较小的凸轮与轴制成一体的情况外，凸轮结构设计应考虑安装时便于调整凸轮与轴相对位置的需要。凸轮的常用结构如下。

1. 凸轮轴

如图 3-14 所示，将凸轮和轴作成一体，这种凸轮结构紧凑，工作可靠。

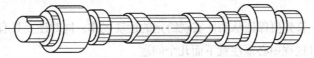

图3-14　凸轮轴

2. 整体式

图 3-15 所示为整体式凸轮，用于尺寸无特殊要求的场合。轮毂尺寸推荐值为 $d_1 = (1.5 \sim 2.0)d_0$，$L = (1.2 \sim 1.6)d_0$，式中 d_0 为凸轮孔径。

3. 镶块式

图 3-16 所示为镶块式凸轮，由若干镶块拼接、固定在鼓轮上。鼓轮上制有许多螺纹孔，供固定镶块时灵活选用。这种凸轮可以按使用要求更换不同轮廓的镶块以适应工作情况的变化，适用于需经常变换从动件运动规律的场合。

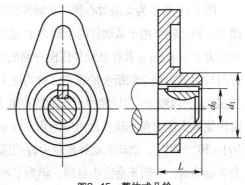

图3-15　整体式凸轮

4. 组合式

如图 3-17 所示，组合式凸轮用螺栓将凸轮和轮毂连成一体，可以方便地调整凸轮与从动件起始的相对位置。

凸轮在轴上固定，除采用键连接外，也可以采用紧定螺钉和圆锥销固定，如图 3-18（a）所示，初调时用紧定螺钉定位，然后用圆锥销固定；如图 3-18（b）所示，采用开槽锥形套固定，调用灵活，但传递转矩不能太大。

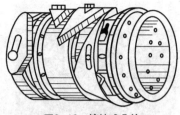

图3-16　镶块式凸轮

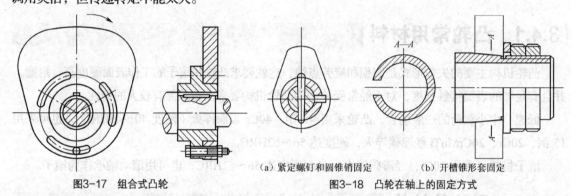

图3-17　组合式凸轮

（a）紧定螺钉和圆锥销固定　　（b）开槽锥形套固定

图3-18　凸轮在轴上的固定方式

3.5 凸轮机构设计应注意的问题

设计的凸轮机构，首先要保证从动件实现给定的运动规律，同时还要具有良好的传力性能和紧凑的结构。为此，设计过程中必须注意下面几个问题。

3.5.1　凸轮机构压力角与传力性能

图 3-19 所示为尖顶对心移动从动件盘形凸轮机构在推程中的某一位置。Q 为载荷，若不考虑摩擦力，则凸轮作用于从动件的驱动力 F 是沿法线 n—n 方向传递的，F 可分解为沿从动件方向的有效分力 $F' = F\cos\alpha$ 和使从动件压向导路的有害分力 $F'' = F\sin\alpha$。式中，α 为从动件上受力点的运动方向与力 F 方向之间所夹的锐角，称为压力角。压力角 α 越大，有害分力 F'' 越大，机械效率越低。当 α 过大，以致 F'' 在导路中引起的摩擦阻力超过有效分力 F' 时，机构将会出现自锁。因此，设计时应使最大压力角不超过许用压力角，即 $\alpha_{max} \leq [\alpha]$。一般情况下，直动从动件推程中许用压力角 $[\alpha] = 30° \sim 40°$，摆动从动件推程中许用压力角 $[\alpha] = 40° \sim 50°$；当从动件的回程是由弹簧力或重力等驱动时，一般不会发生自锁，但为了不产生过大的加速度，仍需对压力角加以限制，其许用压力角可取大一些，一般取 $[\alpha] = 70° \sim 80°$。

检验压力角是否超过许用值的简易方法，可用量角器测量，如图 3-20 所示。量角器底边与轮廓曲线相切于点 A，90° 刻线与从动件的夹角即为点 A 的压力角 α_A。如果压力角大于许用值，则可加大基圆半径重新设计或采用偏置式凸轮机构。

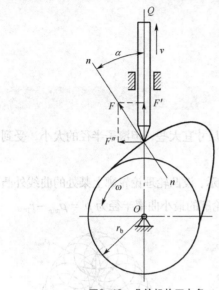

图3-19　凸轮机构压力角

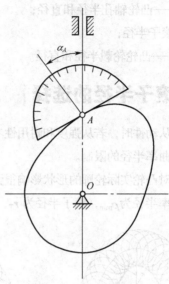

图3-20　压力角的测量

3.5.2　基圆半径的选择

凸轮机构在同样的转角 φ 和位移 h 的情况下，如图 3-21 所示。基圆半径越大，压力角越小，传动越轻快，但机构尺寸将加大。基圆半径越小，机构尺寸越紧凑，但传力性能差。设计时应抓住主要矛盾，当受力较大而对机构尺寸没有严格限制时，基圆半径可取大些，否则取小些。一般凸轮的设计是根据结构和强度的需要选定基圆半径 r_b，通常用下列经验公式确定（参见图 3-22）：

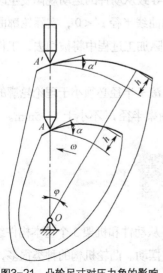

图3-21　凸轮尺寸对压力角的影响

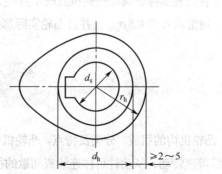

图3-22　基圆半径

无轮毂时　$r_b \geqslant 1.8 r_s + (7\sim10)\,\text{mm}$

有轮毂时　$r_b \geqslant r_T + r_h(2\sim5)\,\text{mm}$

$$d_h = (1.5\sim1.8)\,d_s$$

式中：r_s, d_s——凸轮轴孔半径和直径；

$\quad\quad r_T$——滚子半径；

$\quad\quad r_h$, d_h——凸轮轮毂半径和直径。

3.5.3　滚子半径的选择

设计滚子从动件时，若从强度和耐用性考虑，滚子直径尺寸宜大些，但滚子半径的大小，受到凸轮轮廓曲线曲率半径的限制。

滚子半径对凸轮实际轮廓的形状影响很大。如图 3-23 所示，设凸轮理论轮廓上某处的曲线外凸部分的最小曲率半径为 ρ_{min}，滚子半径为 r_T，相应位置实际轮廓的最小曲率半径为 $\rho' = \rho_{min} - r_T$。

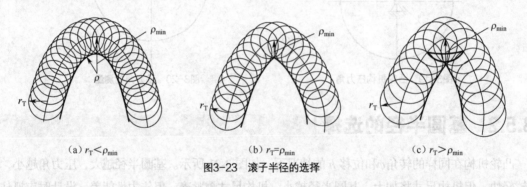

(a) $r_T < \rho_{min}$　　　(b) $r_T = \rho_{min}$　　　(c) $r_T > \rho_{min}$

图3-23　滚子半径的选择

滚子半径 $r_T < \rho_{min}$ 时，实际轮廓的曲线半径 $\rho' > 0$，实际轮廓曲线是一条光滑连续的曲线，如图 3-23（a）所示。滚子半径 $r_T = \rho_{min}$ 时，实际轮廓的曲线半径 $\rho' = 0$，在实际轮廓曲线上出现了尖点，如图 3-23（b）所示。这种尖点极易磨损，磨损后会导致从动件的运动规律发生改变，使得凸轮机构不能正常工作。滚子半径 $r_T > \rho_{min}$ 时，实际轮廓的曲线半径 $\rho' < 0$，实际轮廓曲线上出现了相交部分，如图 3-23（c）所示。这一部分轮廓曲线在实际加工过程中将被切去，工作时，这一部分的运动规律无法实现。这种现象称为运动失真。

为了使凸轮实际轮廓在任何位置既不重叠又不变尖，滚子半径必须小于理论轮廓的最小曲率半径 ρ_{min}，通常取 $r_T \leqslant 0.8\rho_{min}$，并且凸轮实际廓线的最小曲率半径 ρ' 不小于 $1\sim5\text{mm}$。

1. 凸轮机构的组成、分类及特点。凸轮机构由凸轮、从动件和机架 3 个基本构件组成。凸轮一般作连续等速转动，从动件可作连续或间歇的往复运动或摆动。凸轮机构的种类很多，各具特色。

凸轮机构的优点：只需设计出合适的凸轮轮廓，就可使从动件获得所需的运动规律；结构简单、紧凑，设计方便。它的缺点：凸轮与从动件之间易磨损；凸轮轮廓较复杂，加工困难；从动件的行程不能过大。

2. 从动件常用的运动规律。凸轮的轮廓是由从动件运动规律决定的，因此了解从动件常用的运动规律及其特点是十分重要的。只有某种运动规律的加速度曲线是连续变化的，这种运动规律才能避免冲击。等速运动规律在某些点的加速度在理论上为无穷大，所以有刚性冲击；而等加速等减速运动规律在某些点的加速度会出现有限值的突然变化，所以有柔性冲击。

3. 图解法绘制凸轮轮廓的基本方法。图解法绘制凸轮轮廓是按照相对运动原理来绘制凸轮的轮廓曲线的，也就是"反转法"。用"反转法"绘制凸轮轮廓主要包含3个步骤：（1）将凸轮的转角和从动件位移线图分成对应的若干等份；（2）用"反转法"画出反转后从动件各导路的位置；（3）根据所分的等份量得出从动件相应的位移，从而得到凸轮的轮廓曲线。

思考与练习题

1. 凸轮机构的组成是什么？有什么特点？应用场合是什么？

2. 从动件的常用运动规律有哪些？各有什么特点？各适用于什么场合？

3. 图解法绘制凸轮轮廓的原理是什么？

4. 什么是凸轮的理论轮廓和实际轮廓？

5. 一对心直动尖顶从动件盘形凸轮机构，凸轮按逆时针方向转动，其基圆半径 $r_b = 40mm$，从动件的行程 $h = 40mm$，运动规律如下。

凸轮转角	0°～90°	90°～150°	150°～240°	240°～360°
从动件的运动规律	等加速等减速上升 40mm	停止不动	等加速等减速下降至原来位置	停止不动

要求：（1）作从动件的位移曲线；

（2）利用反转法，试画出凸轮的轮廓曲线。

6. 一对心直动滚子从动件盘形凸轮机构，凸轮按顺时针方向转动，其基圆半径 $r_b = 20mm$，滚子半径 $r_T = 10mm$，从动件的行程 $h = 30mm$，运动规律如下。

凸轮转角	0°～150°	150°～180°	180°～300°	300°～360°
从动件的运动规律	等加速等减速上升 30mm	停止不动	等加速等减速下降至原来位置	停止不动

试绘制凸轮轮廓曲线。

Chapter 4

第4章

| 间歇运动机构 |

【学习目标】

1. 掌握棘轮机构、槽轮机构以及不完全齿轮机构的工作原理。

2. 了解棘轮机构、槽轮机构以及不完全齿轮机构的特点以及适用场合。

在许多机械中，有时需要将原动件的等速连续转动变为从动件的周期性停歇间隔单向运动（又称步进运动）或者时停时动的间歇运动，如自动机床中的刀架转位和进给，成品输送及自动化生产线中的运输机构等的运动都是间歇性的。

能实现间歇运动的机构称为间歇运动机构，间歇运动机构很多，凸轮机构、不完全齿轮机构和恰当设计的连杆机构都可实现间歇运动。

本章主要介绍在生产中广泛应用的既可作步进运动又可作间歇运动的两种机构：棘轮机构和槽轮机构。

4.1 棘轮机构

| 4.1.1 棘轮机构的组成及工作原理 |

1. 棘轮机构的组成

如图 4-1 所示，典型的棘轮机构由棘爪 1、棘轮 2、摇杆 3、机架 4 等组成，摇杆及铰接于其上的棘爪为主动件，棘轮为从动件。

2. 棘轮机构的工作原理

图 4-2 所示为外啮合曲柄摇杆式棘轮机构。当主动曲柄连续转动时，摇杆 3 往复摆动。当摇杆逆时针摆动时，棘爪 2 嵌入棘轮 1 的齿槽内，推动棘轮沿逆时针方向转过一个角度；当摇杆顺时针摆动时，棘爪 2 在棘轮齿背上滑过，棘轮静止不动。在机架上安装止动棘爪可防止棘轮逆转。工作棘爪和止动棘爪均利用弹簧 5 使其与棘轮保持可靠接触。这样，当曲柄连续回转时，棘轮作单向的间歇运动。

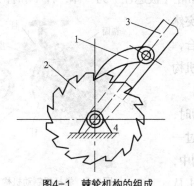
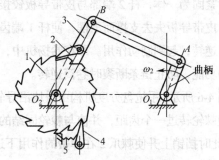

图4-1 棘轮机构的组成   图4-2 外啮合式棘轮机构

4.1.2 棘轮机构的类型及特点

棘轮机构按结构可分为齿式棘轮机构和摩擦式棘轮机构。

1. 齿式棘轮机构

图 4-3 所示为齿式棘轮机构，其结构特点如下。

（1）优点：结构简单，制造方便；运转准确，运动可靠；主、从动关系可互换；动程可在较大范围内调节；动停时间比可通过选择合适的机构来实现。

（2）缺点：动程只能作有级调节；棘爪在齿背上滑行引起噪声、冲击、磨损，不宜用于高速。

2. 摩擦式棘轮机构

如图 4-4 所示，摩擦式棘轮机构是以偏心扇形块代替棘爪，以无齿摩擦轮代替棘轮。

图4-3 齿式棘轮机构   图4-4 摩擦式棘轮机构

（1）优点：传动平稳，无噪声；传动扭矩较大；动程可无级调节；但由于靠摩擦力传递载荷，因此可起超载保护作用。

（2）缺点：传动精度不高，适用于低速、轻载的场合。

4.1.3 棘轮机构的应用实例

如图4-5所示，卷扬机制动机构中卷筒、棘轮和大皮带轮（被遮住）为一体，杆1和杆2调整好角度后紧固为一体，杆2端部与皮带导板铰接。当皮带突然断裂时，皮带导板失去支撑而下摆，使杆1端齿与棘轮啮合，阻止卷筒逆转，起到制动作用。即在卷扬机中，通过棘轮机构实现制动功能，防止链条断裂时卷筒逆转。

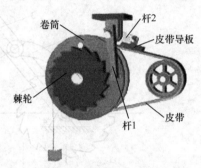

图4-5 卷扬机制动机构

如图4-6所示，手枪盘分度机构中滑块沿导轨向上运动时，棘爪1使棘轮转过一个齿距，并使与棘轮固结的手枪盘转过一个角度，此时挡销上升使棘爪2在弹簧的作用下进入盘的槽中，使手枪盘静止并防止反向转动。当滑块向下运动时，棘爪1从棘轮的齿背上滑过，在弹簧力的作用下进入下一个齿槽，同时挡销使棘爪克服弹簧力绕轴逆时针转动，手枪盘解脱止动状态。即在手枪盘中，通过棘轮机构实现了转位、分度功能。

棘轮机构除了常用于实现间歇运动外，还能实现超越运动。如图4-7所示为自行车后轮轴上的棘轮机构。当脚蹬踏板时，经链轮1和链条2带动内圈具有棘齿的链轮3顺时针转动，再通过棘爪4的作用，使后轮轴5顺时针转动，从而驱动自行车前进。当自行车前进时，如果踏板不动，后轮轴5便会超越链轮3而转动，让棘爪4在棘轮齿背上滑过，从而实现不蹬踏板的自由滑行。

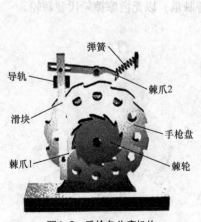

图4-6 手枪盘分度机构

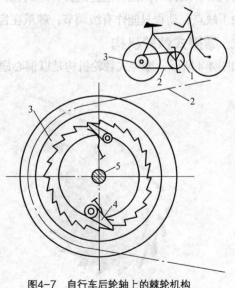

图4-7 自行车后轮轴上的棘轮机构

槽轮机构

4.2.1 槽轮机构的组成及工作原理

1. 槽轮机构的组成

图 4-8 所示为槽轮机构,它由主动拨盘(主动销轮)、从动槽轮及机架等组成。

2. 槽轮机构的工作原理

如图 4-8 所示,拨盘以等角速度作连续回转,槽轮作间歇运动。当拨盘上的圆柱销没有进入槽轮的径向槽时,槽轮的内凹锁止弧面被拨盘上的外凸锁止弧面卡住,槽轮静止不动。当圆柱销进入槽轮的径向槽时,锁止弧面被松开,则圆柱销驱动槽轮转动。当拨盘上的圆柱销离开径向槽时,下一个锁止弧面又被卡住,槽轮又静止不动,由此将主动件的连续转动转换为从动槽轮的间歇转动。

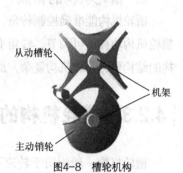

图4-8 槽轮机构

4.2.2 槽轮机构的类型及特点

1. 槽轮机构的类型

槽轮机构主要分为传递平行轴运动的平面槽轮机构和传递相交轴运动的空间槽轮机构两大类。

(1)平面槽轮机构。平面槽轮机构又分为外槽轮机构和内槽轮机构。

① 外槽轮机构。如图 4-9 所示,外槽轮机构的槽轮径向槽的开口是自圆心向外,主动构件与从动槽轮转向相反。

② 内槽轮机构。如图 4-10 所示,内槽轮机构中的槽轮上径向槽的开口是向着圆心的,主动构件与从动槽轮转向相同。

上述两种槽轮机构都用于传递平行轴运动。与外槽轮机构相比,内槽轮机构传动较平稳,停歇时间较短,所占空间较小。

(2)空间槽轮机构。如图 4-11 所示,球面槽轮机构是一种典型的空间槽轮机构,用于传递两垂直相交轴的间歇运动机构。其从动槽轮是半球形的,主动构件的轴线与销的轴线都通过球心。当主动构件连续转动时,球面槽轮得到间歇运动。空间槽轮机构结构比较复杂。

图4-9   外槽轮机构

图4-10   内槽轮机构

图4-11   球面槽轮机构

2. 槽轮机构的特点

槽轮机构能准确控制转角，工作可靠，机械效率高，与棘轮机构相比，工作平稳性较好。但其槽轮机构动程不可调节，转角不可太小，销轮和槽轮的主从动关系不能互换，起停有冲击。槽轮机构的结构要比棘轮机构复杂，加工精度要求较高，因此制造成本上升。

| 4.2.3   槽轮机构的应用 |

槽轮机构一般应用于转速不高和要求间歇转动的机械当中，如自动机械、轻工机械或仪器仪表等。

图 4-12 所示为六角车床的刀架转位机构。刀架上装有 6 种刀具，与刀架固连的槽轮 2 上开有 6 个径向槽，拨盘 1 上装有一个圆柱销 A，每当拨盘转动一周，圆柱销 A 就进入槽轮一次，驱使槽轮转过 60°，刀架也随之转动 60°，从而将下一工序的刀具换到工作位置上。图 4-13 所示为电影放映机构中的槽轮机构。为了适应人眼的视觉暂留现象，采用了槽轮机构，使影片作间歇运动。

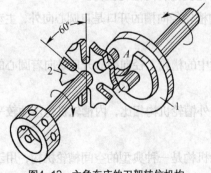

图4-12   六角车床的刀架转位机构

图4-13   电影放映机构

不完全齿轮机构和凸轮式间歇运动机构简介

4.3.1 不完全齿轮机构

不完全齿轮机构组成（见图 4-14）与工作原理：不完全齿轮机构由主动轮、从动轮和机架组成。实际上不完全齿轮机构是由普通齿轮机构转化而成的一种间歇运动机构。它与普通齿轮的不同之处是轮齿不布满整个圆周。不完全齿轮机构的主动轮上只有一个或几个轮齿，并根据运动时间与停歇时间的要求，在从动轮上有与主动轮轮齿相啮合的齿间。两轮轮缘上各有锁止弧，在从动轮停歇期间，用来防止从动轮游动，并起定位作用。

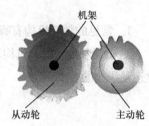

图 4-14 不完全齿轮机构组成图

不完全齿轮机构应用：不完全齿轮机构常用于多工位自动机和半自动机工作台的间歇转位及某些间歇进给机构中，如蜂窝煤压制机工作台转盘的间歇转位机构。

4.3.2 凸轮式间歇运动机构

1. 凸轮式间歇运动机构的特点

棘轮机构和槽轮机构，由于它们的结构、运动和动力条件的限制，一般只能用于低速场合；而凸轮式间歇运动机构则可以通过适当选择从动件的运动规律和合理设计凸轮的轮廓曲线，减小动载荷和避免刚性与柔性冲击，可适用于高速运转的场合。

凸轮式间歇运动机构运转可靠，转位精确，无需专门的定位装置，但精度要求较高，加工比较复杂，安装调整比较困难。

2. 凸轮式间歇运动机构的应用

凸轮式间歇运动机构在轻工机械、冲压机械等高速机械中用作高速、高精度的步进进给、分度转位等机构，如高速冲床、糖果包装机（见图 4-15）、灯泡封气机（见图 4-16）、多色印刷机等。

图 4-15 糖果包装机

图 4-16 灯泡封气机

　　本章学习的重点是掌握常用的一些间歇运动机构的工作原理、运动特点和功能，并了解其适用场合。在进行机械系统方案设计时，能够根据工作要求，正确选择间歇机构的类型。

　　1. 常见的棘轮机构有哪几种形式？各有什么特点？
　　2. 棘轮机构、槽轮机构、不完全齿轮机构的和凸轮式间歇机构各有何特点？试举出应用这些间歇运动机构的实例。

第二篇

|常用机械传动|

机械传动装置的主要功用是将一根轴的旋转运动和动力传给另一根轴，并且可以改变转速的大小和运动的方向。机械传动是采用机械方式来传递动力和运动的。在生产实际中，机械传动是一种最基本的传动方式。机械传动的运动特性通常用转速、速比、变速范围等参数表示；动力特性通常用功率、转矩、效率等参数表示。

机械传动类型的选择直接影响整个机器的运动方案设计和工作性能参数，只有经过多种方案的分析与比较，才能更合理地选用机械传动类型。通常在选择机械传动类型时必须考虑到工作机构的工况和负载特性；动力的机械特性和调速性能；机械传动系统的工作条件和设计要求；制造工艺性与经济性等。

常用的机械传动装置有带传动、链传动、齿轮传动和蜗杆传动等。本篇主要介绍常用机械传动装置的工作原理、特点、工作能力分析及实际应用等。

Chapter 5

第5章

| 挠性件传动 |

【学习目标】

1. 了解带传动的类型、特点及应用。
2. 掌握普通 V 带传动的基本参数及 V 带的型号。
3. 了解普通 V 带和 V 带轮的结构及尺寸。
4. 熟悉带传动的工作能力分析。
5. 了解普通 V 带的设计计算。
6. 了解链传动的类型、特点及运动特性。
7. 了解挠性件传动的张紧、安装与维护。

挠性件传动是一种常用的机械传动类型，它通过主、从动轮之间的中间挠性件与带轮间的摩擦或啮合，将主动轴上的运动和动力传递到从动轴上去。它结构简单，特别适合于两轴中心距较大的场合。挠性件传动主要有带传动和链传动两种。

带传动概述

5.1.1 带传动的类型

带传动是利用张紧在带轮上的带，靠它们之间的摩擦或啮合，在两轴（或多轴）间传递运动或动力的传动方式。根据传动原理的不同，带传动可分为摩擦型和啮合型两大类。如图 5-1 所示，摩擦型带传动通常是由主动轮、从动轮和张紧在两轮上的挠性传动带组成。借助带与带轮接触面间的压

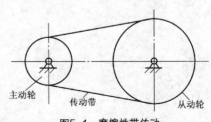

图5-1　摩擦性带传动

力所产生的摩擦力来传递运动和动力。啮合型带传动是由主动同步带轮、从动同步带轮和套在两轮上的环形同步带组成，如图 5-2 所示。带的工作面为齿形，与含齿的带轮进行啮合实现传动。本章将重点介绍的是摩擦带传动。

摩擦带传动根据带的截面形状分为平带传动、V 带传动、多楔带传动和圆带传动等，如图 5-3 所示。

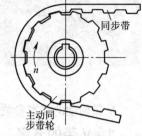

图5-2 啮合性带传动

（1）平带传动：横截面为扁平矩形，其工作面是与轮面相接触的内表面，如图 5-3（a）所示。它结构简单，带的挠性好，带轮容易制造，主要应用于传动中心距较大的场合。平带有胶帆布带、编织带、锦纶复合平带等。其各种规格可查阅相关国家标准。

（2）V 带传动：横截面为等腰梯形，其工作面是带的两侧面，如图 5-3（b）所示。传动时，V 带只和轮槽的两个侧面相接触，即以两个侧面为工作面，根据摩擦原理，在同样的张紧力下，V 带传动比平带传动产生更大的摩擦力，能传递较大的功率，且结构紧凑，在机械传动中应用最广泛。

（3）多楔带传动：它是在平带基体上由多根 V 带组成的，如图 5-3（c）所示。多楔带传递的功率更大，且能避免多根 V 带长度不等而产生的传力不均的缺点。故适用于传递功率较大且要求结构紧凑的场合。

（4）圆带传动：圆形带的截面形状为圆形，如图 5-3（d）所示。圆形带传动仅用于低速、小功率的场合。如仪表、缝纫机、牙科医疗器械等。

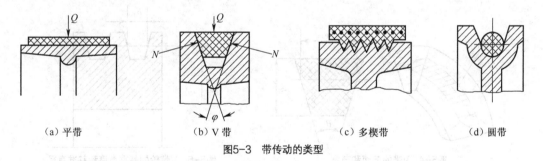

（a）平带　　　　　　　（b）V 带　　　　　　　（c）多楔带　　　　　　　（d）圆带

图5-3 带传动的类型

5.1.2 带传动的特点及应用

1. 带传动的主要优点

适用于中心距较大的传动；可缓冲、吸震；传动平稳，噪声小；过载时带与带轮会打滑，可防止其他零件损坏，起保护作用；结构简单，制造容易，维护方便，成本低。

2. 带传动的主要缺点

传动的外廓尺寸较大；瞬时传动比不准确；传动效率较低；带的寿命较短。

带传动多用于原动机与工作机之间的传动，一般传递的功率 $P \leqslant 100kW$；带速 $v = 5 \sim 25m/s$；传动效率 $\eta = 0.90 \sim 0.95$；传动比 $i \leqslant 7$。需要指出，带传动由于摩擦会产生电火花，故不能用于有爆炸危险的场合。

V带传动的基本参数包括V带、V带轮以及传动中的相关参数。

1. V带的节宽

V带绕在带轮上会产生弯曲变形，拉伸层受到拉伸而变长，压缩层受到压缩而变短。在这两层之间的强力层部分有一层长度不变，它既不受拉伸，也不受压缩，这一层称为中性层。中性层所在的面称为节面，其宽度称为节宽，用 b_p 表示，如图5-4所示。当传动带绕在带轮上弯曲时，其节宽保持不变。

2. V带轮的基准宽度和基准直径

V带装在带轮上。在V带轮上，与V带节宽 b_p 处于同一位置的轮槽宽度，称为基准宽度，用 b_d 表示。当V带的节宽为标准值时，$b_p = b_d$。基准宽度处的带轮直径称为V带轮的基准直径，用 d_d 表示，如图5-5所示。带轮的基准直径是V带轮的公称直径。

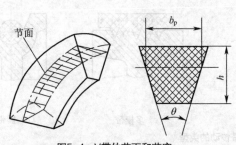

图5-4 V带的节面和节宽

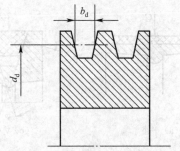

图5-5 V带轮的基准宽度和基准直径

3. V带的基准长度

在规定的张紧力下，V带位于带轮基准直径上的周线长度称为带的基准长度，用 L_d 表示，如图5-6所示。带的基准长度是V带的公称长度，用于带传动的几何尺寸计算。

4. V带的楔角

V带两个侧面的夹角称为楔角，用 θ 表示。V带的楔角 θ 为40°。

5. 带轮的槽角

带轮轮槽两个侧面的夹角称为槽角，用 φ 表示。

6. 中心距

如图5-7所示两个带轮的轴相互平行，并且转动方向相同。当传动带按规定的张紧力张紧时，两个带轮轴线之间的距离称为中心距，用 a 表示。

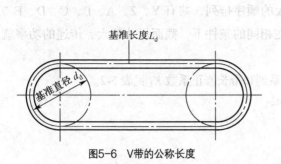

图5-6 V带的公称长度

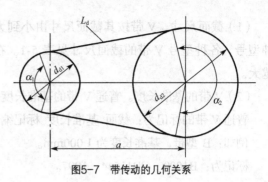

图5-7 带传动的几何关系

7. 包角

传动带与带轮的接触弧所对应的圆周角，称为包角，用 α 表示。它是带传动的一个重要参数。在相同的条件下，包角越大，传动带的摩擦力和能传递的功率也越大。

小带轮和大带轮的包角分别用 α_1 和 α_2 来表示，如图 5-7 所示。由图可知 $\alpha_1 < \alpha_2$。

5.3 V 带和 V 带轮

V带有普通 V 带、窄 V 带、宽 V 带、联组 V 带等多种类型，其中普通 V 带应用最为广泛。本节主要讨论普通 V 带。

5.3.1 普通 V 带的结构和尺寸

1. V 带的结构

如图 5-8 所示，普通 V 带为无接头的环形带，由伸张层、强力层、压缩层和包布层组成。包布层由胶帆布制成，起保护作用；伸张层和压缩层均由橡胶制成，当带弯曲时承受拉伸和弯曲作用；强力层由几层胶帘布或一排胶线绳制成，前者为帘布结构 V 带，后者称为绳芯结构 V 带。帘布结构 V 带抗拉强度大，承载能力较强；绳芯结构 V 带柔韧性好，抗弯强度高，

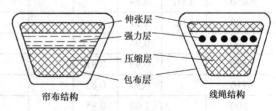

图5-8 V带结构

但承载能力较差。为了提高 V 带抗拉强度，近年来已开始使用合成纤维（锦纶、涤纶等）绳芯作为强力层。

2. V 带尺寸

V 带的尺寸已经标准化，其标准有截面尺寸和 V 带基准长度。

（1）截面尺寸。V带按其截面尺寸由小到大的顺序排列，共有Y、Z、A、B、C、D、E 7种型号，各种型号V带的截面尺寸见表5-1。在相同的条件下，截面尺寸越大，传递的功率就越大。

（2）V带的基准长度。普通V带的基准长度系列和带长修正系数 K_L 见表5-2。

普通V带的标记为：截面 基准长度 标记编号。

例如：B型带，基准长度为1 000mm。

标记为：B1000 GB11544—1997。

表5-1　　　　　　　普通V带截面尺寸（GB 11544—1997）　　　　　单位：mm

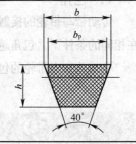

型号	Y	Z	A	B	C	D	E
顶宽 b	6.0	10.0	13.0	17.0	22.0	32.0	38.0
节宽 b_p	5.3	8.5	11.0	14.0	19.0	27.0	32.0
高度 h	4.0	6.0	8.0	11.0	14.0	19.0	23.0
楔角 θ	40°						
每米质量 q(kg/m)	0.03	0.06	0.11	0.19	0.33	0.66	1.02

表5-2　　　　　　　普通V带的基准长度系列和带长修正系数 K_L

基准长度	K_L					基准长度	K_L			
L_d/mm	Y	Z	A	B	C	L_d/mm	Z	A	B	C
200	0.81					1 600	1.16	0.99	0.92	0.83
224	0.82					1 800	1.18	1.01	0.95	0.86
250	0.84					2 000		1.03	0.98	0.88
280	0.87					2 240		1.06	1.00	0.91
315	0.89					2 500		1.09	1.03	0.93
355	0.92					2 800		1.11	1.05	0.95
400	0.96	0.87				3 150		1.13	1.07	0.97
450	1.00	0.89				3 550		1.17	1.09	0.99
500	1.02	0.91				4 000		1.19	1.13	1.02
560		0.94				4 500			1.15	1.04
630		0.96	0.81			5 000			1.18	1.07
710		0.99	0.83			5 600				1.09
800		1.00	0.85			6 300				1.12
900		1.03	0.87	0.81		7 100				1.15
1 000		1.06	0.89	0.84		8 000				1.18
1 120		1.08	0.91	0.86		9 000				1.21
1 250		1.11	0.93	0.88		10 000				1.23
1 400		1.14	0.96	0.90						

5.3.2　V 带轮的材料和结构

V 带轮的材料主要采用铸铁（HT200 或 HT150），其允许的最大圆周速度为 25m/s。转速较高时宜选用铸钢或用冲压后焊接而成的钢板。它是由有轮槽的轮缘（带轮的外缘部分）、轮毂（带轮与轴相配合的部分）、轮辐（轮缘与轮毂相连的部分）3 部分组成的。

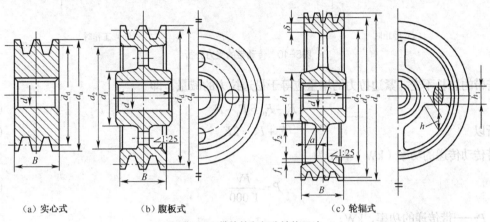

（a）实心式　　　　　（b）腹板式　　　　　　　　（c）轮辐式

图5-9　V带轮的各部分结构尺寸

V 带轮按轮辐结构的不同可分为实心式、腹板式、轮辐式，如图 5-9 所示。带轮直径较小时（$d_d \leqslant$（2.5～3）d，d 为轴径），常采用实心结构；$d_d < 300$mm 时，常采用腹板式结构，当 $d_2 - d_1 \geqslant 100$mm 时，为了便于吊装和减轻质量，可在腹板上开孔；而 $d_d > 300$mm 的大带轮一般采用轮辐式结构。

5.4　带传动的工作能力分析

5.4.1　带传动的受力分析

为保证带传动正常工作，传动带必须以一定的张紧力套在带轮上。当传动带静止时，带两边承受相等的拉力，称为初拉力 F_0，如图 5-10（a）所示。当传动带传动时，由于带与带轮接触面之间摩擦力的作用，带两边的拉力不再相等，如图 5-10（b）所示。一边被拉紧，拉力由 F_0 增大到 F_1，称为紧边；一边被放松，拉力由 F_0 减少到 F_2，称为松边。

紧边拉力 F_1 和松边拉力 F_2 之差称为有效拉力 F，此力也等于带和带轮整个接触面上的摩擦力的总和 $\sum F_\mu$，即

$$F = F_1 - F_2 = \sum F_\mu \tag{5.1}$$

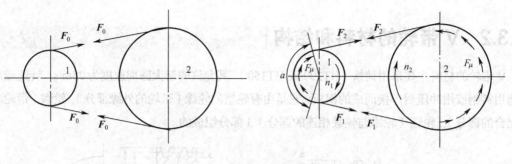

　　　　　（a）静止时　　　　　　　　　　　　　　　　　　　　　　　　（b）工作时

图5-10　传动带的受力分析

　　若带的总长不变，紧边拉力的增量应等于松边拉力的减量，即

$$F_1 - F_0 = F_0 - F_2 \tag{5.2}$$

所以

$$F_1 + F_2 = 2F_0 \tag{5.3}$$

带传动传递的功率（kW）表示为

$$P = \frac{Fv}{1\,000} \tag{5.4}$$

式中，P——带传递的功率，kW；

　　　　F——有效拉力，N；

　　　　v——带速，m/s。

　　由式（5.4）可知，当功率 P 一定时，带速 v 越小，则圆周力 F 越大，因此通常把带传动布置在机械设备的高速级传动上，以减小带传递的圆周力；当带速一定时，传递的功率 P 越大，则圆周力 F 越大，需要带与带轮之间的摩擦力也越大。实际上，在一定的条件下，摩擦力的大小有一个极限值，即最大摩擦力 $\sum F_{max}$，若带所需传递的圆周力超过这个极限值，带与带轮将发生显著的相对滑动，这种现象称为打滑。出现打滑时，虽然主动轮还在转动，但带和从动轮都不能正常运动，甚至完全不动，这就使传动失效。经常出现打滑将使带的磨损加剧，传动效率降低，故在带传动中应防止出现打滑。

　　在一定条件下当摩擦力达到极限值时，带的紧边拉力 F_1 与松边拉力 F_2 之间的关系可用柔韧体摩擦的欧拉方程式来表示：

$$\frac{F_1}{F_2} = e^{f\alpha} \tag{5.5}$$

式中，F_1、F_2——紧边和松边拉力，N；

　　　　f——带与带轮接触面间的当量摩擦系数；

　　　　α——带在带轮上的包角，rad，

　　　　e——自然对数的底，$e \approx 2.718$。

　　由式（5.3）、式（5.4）和式（5.5）可得

$$F_{max} = 2F_0 \frac{e^{f\alpha}-1}{e^{f\alpha}+1} \tag{5.6}$$

上式表明，带所传递的圆周力 F 与下列因素有关。

1. 初拉力 F_0

F 与 F_0 成正比，增大初拉力 F_0，带与带轮间正压力增大，则传动时产生的摩擦力就越大，故 F 越大。但 F_0 过大会加剧带的磨损，致使带轮过快松弛，缩短工作寿命。

2. 当量摩擦系数 f

f 越大，摩擦力也越大，F 就越大。与平带相比，V 带的当量摩擦系数 f 较大，所以 V 带传递能力远高于平带。

3. 包角 α

F 随 α_2 的增大而增大。由于大带轮的包角 α_2 大于小带轮的包角 α_1，故打滑首先发生在小带轮上。一般要求 $\alpha_1 \geqslant 120°$。

5.4.2 带传动的应力分析

带传动工作时，在传动带的截面上产生的应力由 3 部分组成。

1. 由紧边和松边的拉力产生的拉应力 σ_1、σ_2

紧边拉应力：
$$\sigma_1 = \frac{F_1}{A} \tag{5.7}$$

松边拉应力：
$$\sigma_1 = \frac{F_2}{A} \tag{5.8}$$

式中，σ_1、σ_2——紧边、松边上的拉应力，MPa；

A——带的截面面积，mm^2；

F_1、F_2——紧边、松边的拉力，N。

沿着带的转动方向，绕在主动轮上传动带的拉应力由 σ_1 渐渐地降到 σ_2，绕在从动轮上传动带的拉应力则由 σ_2 渐渐上升为 σ_1。显然，$\sigma_1 > \sigma_2$。

2. 弯曲应力 σ_b

带绕过带轮时，因弯曲而产生弯曲应力 σ_b。弯曲应力只发生在包角所对的圆弧部分。

$$\sigma_b \approx \frac{Eh}{d_d} \tag{5.9}$$

式中，σ_b——弯曲拉应力，MPa；

E——带的弹性模量，MPa；

d_d——V 带轮的基准直径，mm；

h——带的高度，mm。

由式（5.9）可知，当传动带的厚度越大，带轮的直径越小，传动带所受的弯曲应力就越大，寿命也就越短。

3. 由离心力产生的应力 σ_c

当带沿带轮轮缘作圆周运动时，带上每一质点都受离心力作用。离心拉力为 $F_c = qv^2$，它在带的所有横截面上产生的离心拉应力 σ_c 是相等的。

$$\sigma_{c} = \frac{F_{c}}{A} = \frac{qv^2}{A} \tag{5.10}$$

式中，σ_{c}——离心拉应力，MPa；

q——每米带长的质量，kg/m；

v——带速，m/s。

式（5.10）表明，q 和 v 越大，σ_{c} 越大，故传动带的速度不宜过高。

图 5-11 所示为带的应力分布情况，从图中可以知道，带上的应力是变化的。最大应力发生在紧边与小轮的接触处。其最大应力为

$$\sigma_{max} = \sigma_{1} + \sigma_{c} + \sigma_{b_1} \tag{5.11}$$

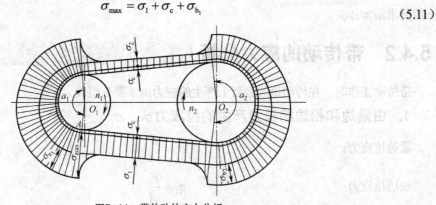

图5-11 带传动的应力分析

5.4.3 带传动的弹性滑动和传动比

由于传动带具有一定的弹性，在拉力的作用下会产生弹性变形。传动带的弹性变形量随拉力的大小而变化。也就是说，拉力不同时，传动带的弹性变形量也不相同。

如图 5-12 所示，在带传动工作时，传动带紧边的拉力 F_1 大于松边的拉力 F_2，因此紧边所产生的弹性变形量大于松边的弹性变形量。

在主动轮上，当传动带从紧边的 a 点随着带轮的转动转到松边的 b 点时，即由紧边转到松边时，传动带所受的拉力由 F_1 逐渐变小到 F_2，其弹性变

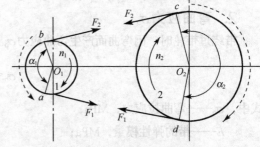

图5-12 带的弹性滑动

量也随之逐渐减小。所以，传动带在随主动轮一起运转的同时又相对带轮产生回缩，造成传动带的运动滞后于带轮。也就是说，传动带与带轮之间产生了微小的相对滑动，同样，在从动轮上也会发生类似的现象。图 5-12 所示中的虚线箭头表示的是带在带轮上的相对滑动方向。这种由于传动带的弹性变形而引起的传动带在带轮上的滑动，称为弹性滑动。

弹性滑动和打滑是两个完全不同的概念，打滑是因为过载引起的，因此打滑可以避免。而弹性滑动是由于带的弹性和拉力差引起的，是传动中不可避免的现象。

由弹性滑动引起的从动轮圆周速度的相对降低率称为滑动率，用ε表示。即

滑动率ε：

$$\varepsilon = \frac{v_1 - v_2}{v_1} = 1 - \frac{n_2 d_{d_2}}{n_1 d_{d_1}}$$

（5.12）

式中：v_1，v_2——主、从动带轮圆周速度，m/s；

d_{d_1}，d_{d_2}——小带轮、大带轮基准直径，mm。

传动比i：

$$i = \frac{n_1}{n_2} = \frac{d_{d_2}}{d_{d_1}(1-\varepsilon)}$$

（5.13）

从动轮转速n_2：

$$n_2 = (1-\varepsilon)n_1 \frac{d_{d_1}}{d_{d_2}}$$

（5.14）

因带传动的滑动率ε通常为 0.01～0.02，在一般计算中可忽略不计，视$\varepsilon = 0$。

因此可得带传动的传动比为

$$i = \frac{n_1}{n_2} \approx \frac{d_{d_2}}{d_{d_1}}$$

（5.15）

5.5 V带传动选用计算

5.5.1 带传动的失效形式和设计准则

由于带传动的主要失效形式是打滑和疲劳破坏。因此带传动的设计准则为：在保证带传动不打滑的情况下，使 V 带具有一定的疲劳强度和寿命。

5.5.2 带传动参数选择及设计计算

普通 V 带传动设计计算时，通常已知的条件有：传动的用途和工作情况，传递功率 P，主动轮、从动轮的转速 n_1、n_2（或传动比 i），工作条件和外廓尺寸要求等。

确定参数：带的型号、长度和根数，带轮的尺寸、结构和材料，传动的中心距，带的初拉力和压轴力，张紧和防护等。

1. 确定计算功率 P_c

$$P_c = K_A P$$

（5.16）

式中，P_c——计算功率，kW；

P——带传动所需传递的功率，kW；

K_A——工况系数，可查表 5-3。

表 5-3 工况系数 K_A

载荷性质	工作机	原动机					
		I 类		II 类			
		每天工作时间/h					
		<10	10～16	>16	<10	10～16	>16
载荷平稳	离心式水泵、轻型输送机、离心式压缩机、通风机（$P \leq 7.5\text{kW}$）	1.0	1.1	1.2	1.1	1.2	1.3
载荷变动小	带式运输机、通风机（$P > 7.5\text{kW}$）、发电机、旋转式水泵、机床、剪床、压力机、印刷机、振动筛	1.1	1.2	1.3	1.2	1.3	1.4
载荷变动较大	螺旋式输送机、斗式提升机、往复式水泵和压缩机、锻锤、磨粉机、锯木机、纺织机械	1.2	1.3	1.4	1.4	1.5	1.6
载荷变动很大	破碎机（旋转式、颚式等）、球磨机、起重机、挖掘机、辊压机	1.3	1.4	1.5	1.5	1.6	1.8

注：I 类——普通鼠笼式交流电动机，同步电动机，直流电动机（并激），$n \geq 600\text{r/min}$ 内燃机；

　　II 类——交流电动机（双鼠笼式、滑环式、单相、大转差率），直流电动机，$n \leq 600\text{r/min}$ 内燃机。

2. 选定 V 带的型号

根据计算功率 P_c 和小轮转速 n_1，按图 5-13 选择普通 V 带的型号。若临近两种型号的界线时，可按两种型号同时计算，通过分析比较进行取舍。

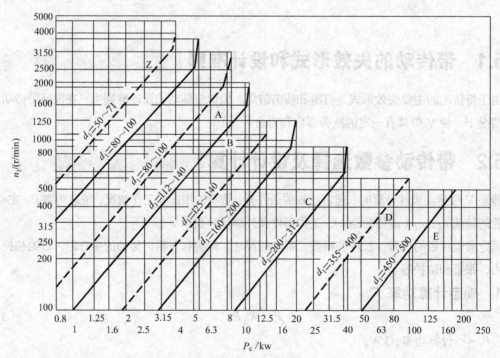

图5-13　普通V带选型图

3. 确定带轮基准直径 d_{d_1}、d_{d_2}

小带轮的基准直径 d_{d_1} 是一个重要的参数。小带轮的基准直径小，在一定的传动比下，大带轮的基准直径相应地也小，则带传动的外廓尺寸小，结构紧凑，重量轻。但是如果小带轮的基准直径过小，将会使传动带的弯曲应力增大，从而导致传动带的寿命降低。为了避免产生过大的弯曲应力，在 V 带传动的设计计算中，对于每种型号的 V 带传动都规定了相应的最小带轮基准直径 $d_{d_{min}}$。

因此，小带轮的基准直径 d_{d_1} 不能太小，应大于所规定的最小直径 $d_{d_{min}}$，即应满足

$$d_{d_1} \geqslant d_{d_{min}}$$

$d_{d_{min}}$ 的值可由表 5-4 选取，并且小带轮的基准直径 d_{d_1} 也应按表 5-4 选取标准系列值。

表 5-4　　　　　　　　V 带轮的基准直径的标准系列值　　　　　　　　单位：mm

V带型号	$d_{d_{min}}$	d_d 的范围	基准直径的标准范围
Y	20	20～125	20, 22.4, 25, 28, 31.5, 35.5, 40, 45, 50, 56, 63, 71, 80, 90, 100, 112, 125
Z	50	50～630	50, 56, 63, 71, 75, 80, 90, 100, 112, 125, 132, 140, 150, 160, 180, 200, 224, 250, 280, 315, 355, 400, 500, 630
A	75	75～800	75, 80, 85, 90, 95, 100, 106, 112, 118, 125, 132, 140, 150, 160, 180, 200, 224, 250, 280, 315, 355, 400, 450, 500, 560, 630, 710, 800
B	125	125～1 120	125, 132, 140, 150, 160, 170, 180, 200, 224, 250, 280, 315, 355, 400, 450, 500, 560, 630, 710, 750, 800, 900, 1000, 1120
C	200	200～2 000	200, 212, 224, 236, 250, 265, 280, 300, 315, 335, 355, 400, 450, 500, 560, 600, 630, 710, 750, 800, 900, 1000, 1120, 1250, 1400, 1600, 2000
D	355	355～2 000	355, 375, 400, 425, 450, 475, 500, 560, 600, 630, 710, 750, 800, 900, 1000, 1060, 1120, 1250, 1400, 1500, 1600, 1800, 2000
E	500	500～2 250	500, 560, 600, 630, 670, 710, 800, 900, 1000, 1060, 1120, 1250, 1400, 1500, 1600, 1800, 2000, 2240, 2250

大带轮的基准直径 d_{d_2} 可按下式计算：

$$d_{d_2} = \frac{n_1}{n_2} d_{d1} \tag{5.17}$$

计算出 d_{d_2} 后，应按表 5-4 圆整成最接近的带轮基准直径的标准尺寸系列值。

4. 验算带速 v

$$v = \frac{\pi d_{d_1} n_1}{60 \times 1\,000} \text{(m/s)} \tag{5.18}$$

式中，d_{d_1}——小带轮的基准直径，mm

n_1——小带轮的转速，r/min。

通常带速 v 应为 5～25m/s 的范围内，否则应重新选取传动带的基准直径。

5. 确定中心距 a 和基准长度 L_d

由于带是中间挠性件，故中心距可取大些或小些。中心距增大，将有利于增大包角，但太大则使结构外廓尺寸大，还会因载荷变化引起带的颤动，从而降低其工作能力。若已知条件未对中心距提出具体的要求，一般可按下式初选中心距 a_0，即

$$0.7(d_{d_1} + d_{d_2}) \leqslant a_0 \leqslant 2(d_{d_1} + d_{d_2}) \tag{5.19}$$

按照下式初步计算带的基准长度 L_0

$$L_0 = 2a_0 + \frac{\pi}{2}(d_{d_1} + d_{d_2}) + \frac{(d_{d_2} - d_{d_1})^2}{4a_0} \tag{5.20}$$

根据初定的 L_0，选取相近的基准长度 L_d。最后按下式近似计算实际所需的中心距

$$a \approx a_0 + \frac{L_d - L_0}{2} \tag{5.21}$$

考虑安装调整和张紧的需要，中心距大约有±$0.03L_d$的调整量。

6. 验算小轮包角 α_1

$$\alpha_1 = 180° - \frac{d_{d_2} - d_{d_1}}{a} \times 57.3° \tag{5.22}$$

一般要求 $\alpha \geqslant 120°$，否则可加大中心距或增设张紧轮。

7. 确定带的根数 z

$$z = \frac{P_c}{(P_0 + \Delta P_0)K_\alpha K_L} \tag{5.23}$$

式中，P_0——单根普通 V 带的基本额定功率（见表 5-5），kW；

　　　　ΔP_0——$i \neq 1$ 时的单根普通 V 带额定功率的增量（见表 5-6），kW；

　　　　K_L——带长修正系数，考虑带长不等于特定长度时对传动能力的影响（见表 5-2）；

　　　　K_α——包角修正系数，考虑 $\alpha_1 \neq 180°$ 时，传动能力有所下降（见表 5-7）。

带的根数 z 应圆整为整数，通常 $z = 2 \sim 5$ 为宜，以使各根带受力均匀。

表 5-5　　　单根普通 V 带的基本额定功率 P_0（kW）（包角 $\alpha = 180°$）

带型	小带轮基准直径 D_1/mm	小带轮转速 n_1 /（r·min^{-1}）						
		400	730	800	980	1 200	1 460	2 800
Z	50	0.06	0.09	0.10	0.12	0.14	0.16	0.26
	63	0.08	0.13	0.15	0.18	0.22	0.25	0.41
	71	0.09	0.17	0.20	0.23	0.27	0.31	0.50
	80	0.14	0.20	0.22	0.26	0.30	0.36	0.56
A	75	0.27	0.42	0.45	0.52	0.60	0.68	1.00
	90	0.39	0.63	0.68	0.79	0.93	1.07	1.64
	100	0.47	0.77	0.83	0.97	1.14	1.32	2.05
	112	0.56	0.93	1.00	1.18	1.39	1.62	2.51
	125	0.67	1.11	1.19	1.40	1.66	1.93	2.98

续表

带型	小带轮基准直径 D_1/mm	小带轮转速 n_1 /（r·min^{-1}）						
		400	730	800	980	1 200	1 460	2 800
B	125	0.84	1.34	1.44	1.67	1.93	2.20	2.96
	140	1.05	1.69	1.82	2.13	2.47	2.83	3.85
	160	1.32	2.16	2.32	2.72	3.17	3.64	4.89
	180	1.59	2.61	2.81	3.30	3.85	4.41	5.76
	200	1.85	3.05	3.30	3.86	4.50	5.15	6.43
C	200	2.41	3.80	4.07	4.66	5.29	5.86	5.01
	224	2.99	4.78	5.12	5.89	6.71	7.47	6.08
	250	3.62	5.82	6.23	7.18	8.21	9.06	6.56
	280	4.32	6.99	7.52	8.65	9.81	10.74	6.13
	315	5.14	8.34	8.92	10.23	11.53	12.48	4.16
	400	7.06	11.52	12.10	13.67	15.04	15.51	—

表 5-6　　　　　　单根普通 V 带 $i \neq 1$ 时额定功率的增量ΔP_0　　　　　　单位：kW

带型	小带轮转速 n_1/（r·min^{-1}）	传动比 i									
		1.00～1.01	1.02～1.04	1.05～1.08	1.09～1.12	1.13～1.18	1.19～1.24	1.25～1.34	1.35～1.51	1.52～1.99	≥2.0
Z	400	0.00	0.00	0.00	0.00	0.00	0.00	0.00	0.00	0.01	0.01
	730	0.00	0.00	0.00	0.00	0.00	0.00	0.01	0.01	0.01	0.02
	800	0.00	0.00	0.00	0.00	0.01	0.01	0.01	0.01	0.02	0.02
	980	0.00	0.00	0.00	0.00	0.01	0.01	0.01	0.02	0.02	0.02
	1 200	0.00	0.00	0.01	0.01	0.01	0.01	0.02	0.02	0.02	0.03
	1 460	0.00	0.00	0.01	0.01	0.01	0.02	0.02	0.02	0.02	0.03
	2 800	0.00	0.01	0.02	0.02	0.03	0.03	0.03	0.04	0.04	0.04
A	400	0.00	0.01	0.01	0.02	0.02	0.03	0.03	0.04	0.04	0.05
	730	0.00	0.01	0.02	0.03	0.04	0.05	0.06	0.07	0.08	0.09
	800	0.00	0.01	0.02	0.03	0.04	0.05	0.06	0.08	0.09	0.10
	980	0.00	0.01	0.03	0.04	0.05	0.06	0.07	0.08	0.10	0.11
	1 200	0.00	0.02	0.03	0.05	0.07	0.08	0.10	0.11	0.13	0.15
	1 460	0.00	0.02	0.04	0.06	0.08	0.09	0.11	0.13	0.15	0.17
	2 800	0.00	0.04	0.08	0.11	0.15	0.19	0.23	0.26	0.30	0.34
B	400	0.00	0.01	0.03	0.04	0.06	0.07	0.08	0.10	0.11	0.13
	730	0.00	0.02	0.05	0.07	0.10	0.12	0.15	0.17	0.20	0.22
	800	0.00	0.03	0.06	0.08	0.11	0.14	0.17	0.20	0.23	0.25
	980	0.00	0.03	0.07	0.10	0.13	0.17	0.20	0.23	0.26	0.30
	1 200	0.00	0.04	0.08	0.13	0.17	0.21	0.25	0.30	0.34	0.38
	1 460	0.00	0.05	0.10	0.15	0.20	0.25	0.31	0.36	0.40	0.46
	2 800	0.00	0.10	0.20	0.29	0.39	0.49	0.59	0.69	0.79	0.89
C	400	0.00	0.04	0.08	0.12	0.16	0.20	0.23	0.27	0.31	0.35
	730	0.00	0.07	0.14	0.21	0.27	0.34	0.41	0.48	0.55	0.62
	800	0.00	0.08	0.16	0.23	0.31	0.39	0.47	0.55	0.63	0.71
	980	0.00	0.09	0.19	0.27	0.37	0.47	0.56	0.65	0.74	0.83
	1 200	0.00	0.12	0.24	0.35	0.47	0.59	0.70	0.82	0.94	1.06
	1 460	0.00	0.14	0.28	0.42	0.58	0.71	0.85	0.99	1.14	1.27
	2 800	0.00	0.27	0.55	0.82	1.10	1.37	1.64	1.92	2.19	2.47

表 5-7　　　　　　　包角系数 K_α

小轮包角 α_1	70°	80°	90°	100°	110°	120°	130°	140°
K_α	0.56	0.62	0.68	0.73	0.78	0.82	0.86	0.89
小轮包角 α_1	150°	160°	170°	180°	190°	200°	210°	220°
K_α	0.92	0.95	0.96	1.00	1.05	1.10	1.15	1.20

8. 确定初拉力 F_0 并计算作用在轴上的载荷 F_Q

初拉力不足，极限摩擦力小，传动能力下降；初拉力过大，将增大作用在轴上的载荷并降低带的寿命。单根 V 带合适的初拉力 F_0 可按下式计算。

$$F_0 = \frac{500P_c}{zv}\left(\frac{2.5}{K_\alpha}-1\right)+qv^2 \tag{5.24}$$

式中，q——传动带单位长度的质量，kg/m，可查表 5-1。

F_Q 可按带两边的预拉力 F_0 的合力来计算。由此可得，作用在轴上的载荷 F_Q 为：

$$F_Q = 2zF_0\sin\frac{\alpha_1}{2} \tag{5.25}$$

式中，z——带的根数；

F_0——单根带的初拉力，N；

α_1——小带轮上的包角，°。

从上式中可以看出，初拉力越大，压轴力也就越大。

【例】　设计某震动筛的 V 带传动，已知电动机功率 $P = 1.7\text{kW}$，转速 $n_1 = 1\,430\text{r/min}$，工作机的转速 $n_2 = 285\text{r/min}$，根据空间尺寸，要求中心距约为 500mm 左右。带传动每天工作 16 小时，试设计该 V 带传动。

【解】：

1. 确定计算功率 P_c

根据 V 带传动工作条件，查表 5-3，可得工况系数 $K_A=1.3$，所以

$$P_c = K_AP = 1.3 \times 1.7 = 2.21\text{kW}$$

2. 选取 V 带型号

根据 P_c、n_1，由图 5-13 选用 Z 型 V 带。

3. 确定带轮基准直径 d_{d1}、d_{d2}

由表 5-4 选 $d_{d_1} = 80\text{mm}$。

根据式（5.17），从动轮的基准直径为

$$d_{d2} = \frac{n_1}{n_2}d_{d_1} = \frac{1\,430}{285}\times 80 = 401.1\text{mm}$$

根据表 5-4，选 $d_{d_2} = 400\text{mm}$。

4. 验算带速 v

$$v = \frac{\pi d_{d_1}n_1}{60\times 1\,000} = \frac{3.14\times 80\times 1\,430}{60\times 1\,000} = 5.99\text{m/s}$$

v 为 5～25m/s，故带的速度合适。

5. 确定 V 带的基准长度 L_d 和传动中心距 a

初选中心距 $a_0 = 500$mm。

根据式（5.20）计算带所需的基准长度：

$$L_0 = 2a_0 + \frac{\pi}{2}(d_{d_1} + d_{d_2}) + \frac{(d_{d_2} - d_{d_1})^2}{4a_0}$$

$$= 2 \times 500 + \frac{\pi}{2}(80 + 400) + \frac{(400 - 80)^2}{4 \times 500} = 1\ 804.8\text{mm}$$

由表 5-2，选取带的基准长度 $L_d = 1\ 800$mm。

按式（5.21）计算实际中心距：

$$a \approx a_0 + \frac{L_d - L_0}{2} = 500 + \frac{1\ 800 - 1\ 804.8}{2} = 497.6\text{mm}$$

6. 验算主动轮上的包角 α_1

由式（5.22）得

$$\alpha_1 = 180° - \frac{d_{d_2} - d_{d_1}}{a} \times 57.3° = 180° - \frac{400 - 80}{497.6} \times 57.3° = 143.16° > 120°$$

故主动轮上的包角合适。

7. 计算 V 带的根数 z

根据 $d_{d1} = 80$mm，$n_1 = 1\ 430$r/min，查表 5-5，用内插法得 $P_0 = 0.35$。由 $n_1 = 1\ 430$r/min，$d_{d1} = 80$mm，查表 5-6 得 $\Delta P_0 = 0.03$kW，查表 5-7 得 $K_\alpha = 0.90$，查表 5-2 查得 $K_L = 1.18$，所以

$$z = \frac{2.21}{(0.35 + 0.03) \times 0.90 \times 1.18} = 5.48 \approx 6$$

取 $z = 6$。

8. 计算 V 带合适的初拉力 F_0

由式（5.24）得

$$F_0 = \frac{500 P_c}{zv}\left(\frac{2.5}{K_\alpha} - 1\right) + qv^2$$

查表 5-1 得 $q = 0.06$kg/m，故

$$F_0 = \frac{500 \times 2.21}{6 \times 5.99}\left(\frac{2.5}{0.9} - 1\right) + 0.06 \times 5.99^2 = 56.8\text{N}$$

9. 计算作用在轴上的载荷 F_Q

由式（5.25）得

$$F_Q = 2z F_0 \sin\frac{\alpha_1}{2} = 2 \times 6 \times 56.8 \times \sin\frac{143.16}{2} = 646.7\text{N}$$

10. 带轮的结构设计

设计过程及带轮工作图略。

5.6　带传动的张紧、安装与维护

5.6.1　带传动的张紧

由于传动带的材料不是完全的弹性体，因此带在工作一段时间后会发生伸长而松弛，张紧力降低。因此，带传动应设置张紧装置，以保持正常工作。常用的张紧装置有3种。

1. 定期张紧装置

这种装置是利用定期调节中心距的方法来使带重新张紧的。如图 5-14（a）所示移动式结构，将装在带轮的电动机安装在滑轨 1 上，需调节带拉力时，松开螺母 2，旋转调节螺钉 3 改变电动机位置，然后固定。这种装置适合两轴处于水平或倾斜不大的传动。图 5-14（b）所示为摆动式结构，电动机固定在摇摆架上，用旋转调节螺钉上的螺母来调节。这种装置适合垂直的或接近垂直的传动。

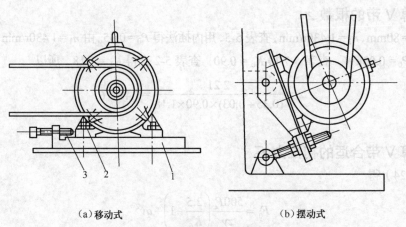

（a）移动式　　　　　　　　　　（b）摆动式

图5-14　带的定期张紧装置

2. 自动张紧装置

如图 5-15 所示，自动张紧装置是将装有带轮的电动机安装在摆动架上，可利用电动机和摆架的重量自动保持张紧力。这种装置常用于中小功率的传动。

3. 使用张紧轮的张紧装置

如图 5-16 所示，当中心距不能调节时，可使用张紧轮把带张紧。张紧轮一般应安装在松边内侧，使带只受单向弯曲，以减少寿命的损失。同时张紧轮还应尽量靠近大带轮，以减少对包角的影响。张紧轮的使用会降低带轮的传动能力，在设计时应适当考虑。

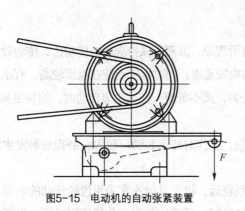
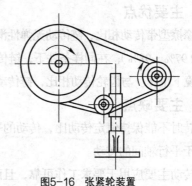

图5-15 电动机的自动张紧装置   图5-16 张紧轮装置

5.6.2 带传动的安装和维护

（1）安装时不能硬撬，应通过调整各轮中心距的方法来装带。

（2）带禁止与矿物油、酸、碱等介质接触，以免腐蚀带，不能曝晒。

（3）不能新旧带混用（多根带时），以免载荷分布不匀。

（4）安装时两轮槽应对准，处于同一平面。

（5）如果带传动装置闲置一段时间后再用，应将传动带放松。

5.7 链传动概述

5.7.1 链传动的类型、特点及应用

链传动由两轴平行的大、小链轮和链条组成。链传动与带传动有一定的相似之处，如：链轮齿与链条的链节啮合，其中链条相当于带传动中的挠性带，但又不是靠摩擦力传动，而是靠链轮齿和链条之间的啮合来传动。因此，链传动是一种具有中间挠性件的啮合传动。

链的种类繁多，按用途不同，链可分为传动链、起重链和输送链3类。机械中传递运动和动力的传递链主要有滚子链和齿形链。

本节主要介绍滚子链传动。滚子链传动主要是由主动链轮1、从动链轮2及链条3组成的，如图5-17所示。

滚子链传动特点如下。

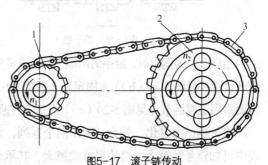

图5-17 滚子链传动

1. 主要优点

与摩擦型带传动相比，链传动无弹性滑动和打滑现象，因而能保持准确的传动比，传动效率较高（效率为97%～98%）；在同样条件下，链传动的结构较紧凑；同时链传动能在温度较高、有水或油等恶劣环境下工作。与齿轮传动相比，链传动易于安装，成本低廉；在远距离传动时，结构更显轻便。

2. 主要缺点

运转时不能保持恒定传动比，传动的平稳性差；工作时冲击和噪声较大；磨损后易发生跳齿；只能用于平行轴间的传动。

链传动主要应用于要求工作可靠，且两轴相距较远，以及其他不宜采用齿轮传动的场合：如工作条件恶劣的场合，如农业机械、建筑机械、石油机械、采矿、起重、金属切削机床、摩托车、自行车等。链传动适用于中低速传动：$i \leqslant 8$，$P \leqslant 100$kW，$v \leqslant 12 \sim 15$m/s。

5.7.2 滚子链及其链轮

1. 滚子链的结构和规格

如图 5-18 所示，它由内链板1、外链板2、销轴3、套筒4及滚子5所组成。销轴与外链板，套筒与内链板分别用过盈配合连接。滚子与套筒，套筒与销轴之间为间隙配合。当内外链板相对挠曲时，套筒可绕销轴自由转动，滚子活套在套筒上以减轻链轮齿廓的磨损。由于销轴与套筒的接触而易于磨损，因此，内外链板间应留少许间隙，以便润滑油渗入销轴和套筒的摩擦面间。为减轻重量和使链板各截面强度接近相等，链板制成"∞"字形。

链条上相邻两销轴的中心距称为链的节距，用 p 表示，它是链传动的主要参数之一。传递功率较大时，可采用较大节距的链条或多排链（最常用的是双排链），如图 5-19 所示。

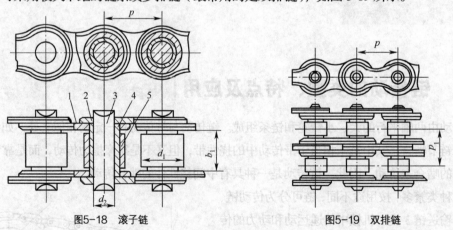

图5-18 滚子链 　　　　　　　　　　　　　　图5-19 双排链

当链节数为偶数时，链条的两端正好是外链板与内链板相连接，在此处可用弹簧夹（见图 5-20（a））或开口销（见图 5-20（b））来固定。一般前者用于小节距，后者用于大节距。当链节数为奇数时，则需要采用过渡链节（见图 5-20（c））固定，过渡链节的链板有附加弯矩，应尽量避免使用。

滚子链已标准化，分为 A、B 两个系列，常用的 A 系列滚子链的主要参数和尺寸见表 5-8。从表中可知链号数越大，链的尺寸就越大，其承载能力也就越高。

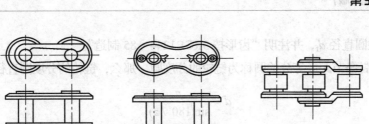

(a)弹簧夹式　　　　　　(b)开口销式　　　　　　(c)过渡链节

图5-20　滚子链的接头型式

表 5-8　　A、B 系列滚子链主要尺寸和抗拉载荷（摘自 GB/T 1243—1997）

链号	节距 p /mm	节距 p_i /mm	滚子直径 d_1 max /mm	内链节内宽 b_1 min /mm	销轴直径 d_2 max /mm	内链板高度 h_2 max /mm	抗拉载荷			单排质量 Q /(kg·m⁻¹)
							单排 Q min/N	双排 Q min/N	三排 Q min/N	
08A	12.70	14.38	7.95	7.85	3.96	12.07	13 800	27 600	41 400	0.60
10A	15.875	18.11	10.16	9.40	5.08	15.09	21 800	43 600	64 500	1.00
12A	19.05	22.78	11.91	12.57	5.94	18.08	31 100	62 300	93 400	1.50
16A	25.40	29.29	15.88	15.75	7.92	24.13	55 600	111 200	166 800	2.60
20A	31.75	35.76	19.05	18.90	9.53	30.18	86 700	173 500	260 200	3.80
24A	38.10	45.44	22.23	25.22	11.10	36.20	124 600	249 100	373 700	5.60
28A	44.45	48.87	25.40	28.22	12.70	42.24	169 000	338 100	507 100	7.50
32A	50.80	58.55	28.58	31.55	14.27	48.26	222 400	444 800	667 200	10.10
40A	63.50	71.55	39.68	37.82	19.84	60.33	347 000	693 900	1 040 900	16.10
48A	76.20	87.83	47.63	47.35	23.85	72.39	500 400	1 000 800	1 501 300	22.60
05B	8.00	5.64	5.00	3.00	2.31	7.11	4 400	7 800	11 100	0.18
06B	9.525	10.24	6.35	5.72	3.28	8.26	8 900	16 900	24 900	0.40
08B	12.70	13.92	8.51	7.75	4.45	11.81	17 800	31 100	44 500	0.70
10B	15.875	16.59	10.16	9.65	5.08	14.73	22 200	44 500	66 700	0.95
12B	19.05	19.46	12.07	11.68	5.72	16.13	28 900	57 800	86 700	1.25
16B	25.40	31.88	15.88	17.02	8.28	21.08	42 300	84 500	126 800	2.7
20B	31.75	36.45	19.05	19.56	10.19	26.42	64 500	129 000	193 500	3.6
24B	38.10	48.36	25.40	25.40	14.63	33.40	97 900	195 700	293 600	6.7
28B	44.45	59.56	27.94	30.99	15.90	37.08	129 000	258 000	387 000	8.3
32B	50.80	58.55	29.21	30.99	17.81	42.29	169 000	338 100	507 100	10.5
40B	63.50	72.29	39.37	38.10	22.89	52.96	262 400	524 900	787 300	16
48B	76.20	91.21	48.26	45.72	29.24	63.88	400 300	800 700	1 201 000	25

注：1. 四排及四排以上链条可与制造厂协商后制作，其抗拉载荷按表列单排链数据乘以排数计算。

　　2. 使用过渡链节时，其抗拉载荷按表列数值80%计算。

2. 链轮的结构和材料

　　链轮的齿形应保证在链条与链轮良好啮合的情况下，使链节能自由地进入和退出啮合，并便于加工。标准 GB/T 1243—2006 中规定了齿形，其端面齿形如图 5-21 所示。

　　目前最流行的齿形为三弧一直线齿形。当选用这种齿形时，链轮齿形在零件图上不画出，按标准齿形只需注明链轮的基本参数和主要尺寸，如齿数 z、节距 p、滚子直径 d、分度圆直径 d_1、齿顶

圆直径 d_a 及齿根圆直径 d_f，并注明"齿形按 3RGB1244—85 制造"。

链轮上能被链条节距 p 等分的圆称为链轮的分度圆。那么，链轮的分度圆直径

$$d = \frac{p}{\sin(180°/z)} \qquad (5.26)$$

常用链轮的结构如图 5-22 所示。小直径的链轮可制成整体式，如图 5-22（a）所示；中等尺寸的链轮可制成孔板式，如图 5-22（b）所示；大直径的链轮常采用可更换的齿圈，齿圈可以焊接（见图 5-22（c））或用螺栓连接（见图 5-22（d））在轮芯上。

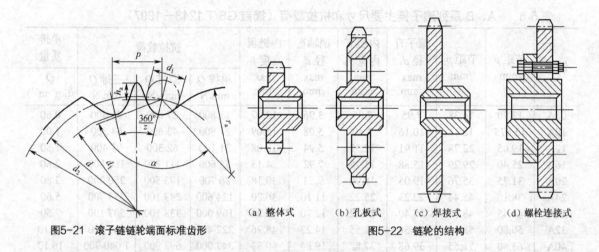

图5-21　滚子链链轮端面标准齿形　　　　　　　　　　图5-22　链轮的结构
（a）整体式　　（b）孔板式　　（c）焊接式　　（d）螺栓连接式

链轮材料应保证轮齿具有足够的耐磨性和强度。链轮常用的材料有碳素钢（20、35、45）、铸铁（HT200）和铸钢（ZG310-570）。重要场合采用合金钢（20Cr、40Cr、35SiMn）。

5.7.3　链传动的运动特性

1. 平均链速和平均传动比

滚子链结构特点是刚性链节通过销轴铰接而成，因此链传动相当于两多边形轮子间的带传动。链条节距 p 和链节数 L_p 分别为多边形的边长和边数。设 n_1、n_2 和 z_1、z_2 分别为主、从动链轮转速和链轮齿数，则链的平均速度为：

$$v = \frac{z_1 n_1 p}{60 \times 1\,000} = \frac{z_2 n_2 p}{60 \times 1\,000} \qquad (5.27)$$

故平均传动比

$$i = \frac{n_1}{n_2} = \frac{z_2}{z_1} = 常数 \qquad (5.28)$$

2. 瞬时链速

如图 5-23 所示，假设链的主动边在传动中总是处于

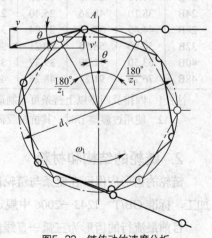

图5-23　链传动的速度分析

水平位置，绕在链轮上的链条只有其铰链销轴 A 的圆周速度 $v_A = d_1\omega_1/2$，水平方向的链速 $v = v_A\cos\theta$，每一链节从进入啮合到脱离啮合，θ 角在 $\pm\dfrac{180°}{z_1}$ 间变化。故链速 v 是变化的，从而引起从动轮瞬时角速度 ω_2 的变化。铰链 A 的速度 v_A 在垂直方向的分速度 $v' = v_A\sin\theta$，也是随着 θ 角的变化而变化。由此可知，在链传动中链条的运动是忽快忽慢的。由于链速 v 的变化，使从动轮的瞬时角速度 ω_2 也跟着变化。所以链传动的瞬时传动比 $i = \omega_1/\omega_2$ 是变化的。瞬时链速及传动比的变化，引起链传动的不平衡性及附加动载荷，链轮齿数越少，节距越大，转速越高，其影响越大。

5.7.4　链传动的张紧与维护

1. 链传动的张紧

链传动正常工作时，应保持一定张紧程度，链传动的张紧程度，合适的松边垂度，推荐为 $f = (0.01\sim 0.02)a$，a 为中心距。对于重载，经常启动、制动、反转的链传动，以及接近垂直的链传动，松边垂度应适当减少。

链传动的张紧可采用以下方法。

（1）调整中心距，增大中心距可使链张紧，对于滚子链传动，其中心距调整量可取为 $2p$，p 为链条节距。

（2）缩短链长，当链传动没有张紧装置而中心距又不可调整时，可采用缩短链长（即拆去链节）的方法对因磨损而伸长的链条重新张紧。

（3）用张紧轮张紧。① 两轴中心距较大；② 两轴中心距过小，松边在上面；③ 两轴接近垂直布置；④ 需要严格控制张紧力；⑤ 多链轮传动或反向传动；⑥ 要求减小冲击，避免共振；⑦ 需要增大链轮包角。上述情况应考虑增设张紧装置。

2. 链传动的维护

良好的润滑可以减少链传动的磨损，提高工作能力，延长使用寿命。

链传动采用的润滑方式有以下几种。

（1）人工定期润滑。用油壶或油刷，每班注油一次。适用于低速 $v\leqslant 4\text{m/s}$ 的不重要链传动。

（2）滴油润滑。用油杯通过油管滴入松边内、外链板间隙处，每分钟约 $5\sim 20$ 滴。适用于 $v\leqslant 10\text{m/s}$ 的链传动。

（3）油浴润滑。将松边链条浸入油盘中，浸油深度为 $6\sim 12\text{mm}$，适用于 $v\leqslant 12\text{m/s}$ 的链传动。

（4）飞溅润滑。在密封容器中，甩油盘将油甩起，沿壳体流入集油处，然后引导至链条上。但甩油盘线速度应大于 3m/s。

（5）压力润滑。当采用 $v\geqslant 8\text{m/s}$ 的大功率传动时，应采用特设的油泵将油喷射至链轮链条啮合处。

 **其他常用挠性件传动简介**

5.8.1 同步带传动

同步带是以钢丝绳或玻璃纤维为承载层，外覆以聚氨酯或丁橡胶为基体，工作面具有等距横向齿的环形带。工作时，同步带带齿与带轮外缘上的齿槽啮合传动。由于带的承载能力较高，受载后变形小，能保持同步带的节距不变，因而带与带轮间无相对滑动。

同步带传动的优点如下。

（1）带与带轮间无相对滑动，可保证固定的传动比，传动效率可达 0.98～0.99。

（2）同步带薄而轻，可允许较高的线速度。

（3）带的柔韧性好，可用较小的带轮直径，使传动结构紧凑，并能获得较大的传动比。

（4）所需初拉力小，轴和轴承所受载荷也小。

同步带传动的缺点是制造和安装精度要求高。

同步带一般传递的功率 $P<300kW$，速度 $v<50m/s$，传动比 $i<10$。

5.8.2 高速带传动

高速带传动是指带速 $v>30m/s$，高速轴转速 $n=10\,000\sim50\,000r/min$ 的传动。这种传动通常用于增速传动，其增速比一般为 2～4，加张紧装置时，有时增速比可达 8。小带轮直径一般取 $d_1=20\sim40mm$。

高速带传动要求传动可靠，运动平稳，并有一定寿命。所以高速带都采用质量轻、厚度薄而均匀、曲挠性好的环状平带。其缺点是带的寿命短，传动效率较低。

高速传动必须要求带轮重量轻，质量分布均匀，运转时空气阻力小。通常采用钢或铝合金制造。带轮各个表面均须加工，轮缘工作表面的粗糙度不应超过 $Ra3.2$，并进行动平衡。

5.8.3 齿形链传动

由图 5-24 可知，齿形链是传动链的一种。它是由一组带有两个齿的链板左右交错并列铰接而成的。它分为内导板式（见图 5-24（a））和外导板式（见图 5-24（b））。齿形链工作时，通过链板上的两直边夹角为 60° 的链齿与链轮相啮合来实现传动。齿形链传动平稳，无噪声，承受冲击性能好，工作可靠。但结构复杂，价格较高，且制造较困难，故多用于高速或运动精度要求较高的场合。

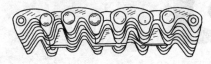 

（a）内导板式 （b）外导板式

图5-24 齿形链

1. 挠性件传动主要包括带传动和链传动两种，带传动根据工作原理可分为摩擦型带传动和啮合型带传动两种。摩擦型带传动应用最广；链可分为传动链、起重链和输送链，一般机械传动中，常用的是滚子传动链。

2. 摩擦型带传动工作时靠带与带轮间的摩擦力工作，带的两边形成松边和紧边，两边的拉力差是带传递的有效圆周力。

3. 带传动的失效形式是打滑和带的疲劳损坏，设计准则是在保证带传动不打滑的条件下，使带具有足够的疲劳强度（寿命）。

4. 带传动的打滑是可以避免的，弹性滑动是不可避免的。弹性滑动造成从动轮圆周速度降低，降低率用滑动率表示。

5. 普通 V 带传动设计计算的主要内容是确定 V 带的型号、长度、根数、中心距、带轮直径、材料、结构以及对带轮轴的压力等。设计中应注意带轮最小直径、传动中心距、带根数的选取和小带轮包角与带速的验算。

1. 带传动的主要类型有哪些？各有何特点？试分析摩擦带传动的工作原理。

2. 带在工作时受到哪些应力？如何分布？它们之间有何关系？

3. 带传动中弹性滑动与打滑有何区别？它们对于带传动各有什么影响？

4. 带传动的主要失效形式是什么？带传动的设计准则是什么？

5. 如何判别带传动的紧边与松边？带传动有效圆周力 F 与紧边拉力 F_1、松边拉力 F_2 有什么关系？

6. 已知 V 带传动所传递的功率 $P = 7.5\text{kW}$，带速 $v = 10\text{m/s}$，紧边拉力是松边拉力的两倍，即 $F_1 = 2F_2$，试求紧边拉力 F_1、松边拉力 F_2 和有效拉力 F。

7. 当传递功率较大时，可用单排大节距链条，也可用多排小节距链条，二者各有何特点，各适用于什么场合？

8. 链传动常用的润滑方式有哪些？

9. 一个普通 V 带传动，已知带的型号为 A 型，两个 V 带轮的基准直径分别为 125mm 和 250mm，初定中心距 $a_0 = 480\text{mm}$，试设计此 V 带传动。

Chapter

6

第6章

| 齿轮传动 |

【学习目标】

1. 了解齿轮机构的特点、类型和齿廓啮合基本定律。
2. 掌握渐开线的形成及渐开线标准直齿圆柱齿轮的基本参数和几何尺寸。
3. 掌握齿轮传动的正确啮合条件、标准安装条件及连续传动条件。
4. 了解渐开线齿廓加工原理以及根切现象。
5. 熟悉齿轮传动的失效形式与常用的齿轮材料。
6. 熟悉标准直齿圆柱齿轮传动的工作能力分析。
7. 熟悉斜齿圆柱齿轮传动的特点、基本参数及几何尺寸的计算。
8. 熟悉直齿圆锥齿轮传动的特点、基本参数及几何尺寸的计算。
9. 了解蜗杆传动的特点及类型，熟悉普通圆柱蜗杆传动的基本参数及几何尺寸的计算。

　　齿轮传动是机械传动中最重要的一种传动形式，通过轮齿的啮合将主动轴的运动和转矩传递给从动轴，使其获得预期的转速和转矩。它可以用来传递空间任意两轴之间的运动和动力，在现代机械中应用非常广泛。本章将重点介绍标准渐开线齿轮传动。

6.1 概述

6.1.1 齿轮传动的特点和应用

1. 齿轮传动的主要特点

（1）优点：传递功率大、效率高（98%～99%）；寿命长，工作平稳，可靠性高；能保证恒定的传动比；能传递任意夹角两轴间的运动。

（2）缺点：制造和安装精度较高，成本也较高；不宜用于传动距离过大的场合。

2. 齿轮传动的类型

齿轮传动的类型有很多，通常可按齿轮轴线的相对位置、齿轮啮合的情况、齿廓曲线的形状、齿轮传动的工作条件及齿面的硬度等进行分类。

（1）按照齿轮轴线的相对位置分类。根据传动过程中两个齿轮轴线的相对位置，齿轮传动可分为圆柱齿轮传动、圆锥齿轮传动和蜗杆蜗轮传动。圆柱齿轮传动用于两轴线平行时的传动，圆柱齿轮的轮齿有直齿（见图 6-1（a）、（b）、（c））、斜齿（见图 6-1（d））和人字齿（见图 6-1（e））3 种。圆锥齿轮传动用于两轴线相交时的传动，如图 6-1（f）、（g）、（h）所示。蜗轮蜗杆传动用于两轴线交错时的传动，如图 6-1（i）所示。

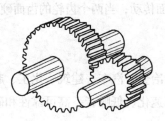

（a）外啮合直齿轮传动

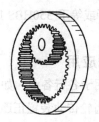

（b）内啮合直齿轮传动

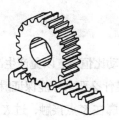

（c）齿条与齿轮啮合传动

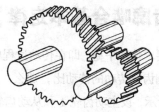

（d）斜齿外啮合传动

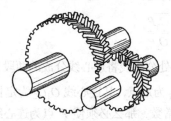

（e）人字齿啮合传动

（f）直齿圆锥齿轮传动

（g）斜齿圆锥齿轮传动

（h）交错轴斜齿轮传动

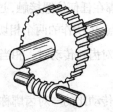

（i）蜗轮蜗杆传动

图6-1 齿轮传动主要类型

（2）按照齿轮啮合的情况分类。根据齿轮传动时两个齿轮啮合的情况，圆柱齿轮可分为外啮合（见图6-1（a））、内啮合（见图6-1（b））以及齿轮齿条啮合（见图6-1（c））。一对外啮合的齿轮，它们的转动方向相反；一对内啮合的齿轮，它们的转动方向相同。当齿轮和齿条啮合传动时，齿条作直线运动。

（3）按照齿廓曲线的形状分类。按照轮齿的齿廓曲线的形状，齿轮传动可分为渐开线齿轮传动、圆弧齿轮传动和摆线齿轮传动等。

（4）根据齿轮传动的工作条件分类。根据齿轮传动工作条件的不同，齿轮传动又可分为开式传动、半开式传动和闭式传动3种。开式传动多用于低速或低精度的场合，闭式传动多用于较重要的传动。

（5）按照齿面的硬度分类。按照齿面的硬度，齿轮传动可分为硬齿传动和软齿传动两种。当两个齿轮的齿面硬度小于或等于350HBS时，称为软齿面传动；当两个齿轮的齿面硬度大于350HBS时，称为硬齿面传动。

3. 齿轮传动的应用

齿轮传动广泛应用于各行各业，如机械、矿山、冶金、汽车、建筑、化工、起重运输、甚至是儿童玩具。目前，齿轮传动装置正逐步向小型、高速化、低噪音、高可靠性和硬齿面技术的方向发展。

6.1.2 齿廓啮合基本定律

齿轮传动要求传动平稳，即在传动过程中，保持瞬时传动比恒定，以免产生冲击、振动和噪音。而齿廓形状影响齿轮传动的传动比，那么，齿廓形状应满足什么要求才能保证瞬时传动比恒定呢？

如图6-2所示，设主动齿轮1和从动齿轮2上的一对齿廓在K点接触，过K点作两齿廓的公法线nn，它与连心线O_1O_2的交点P称为节点。由此得到：

$$i_{12} = \frac{\omega_1}{\omega_2} = \frac{\overline{O_2P}}{\overline{O_1P}} \qquad (6.1)$$

上式表明，两轮的瞬时传动比等于齿廓接触点处公法线将连心线分成的两段长度的反比。

因为一对齿轮啮合传动时，两轮的轴心O_1、O_2为定点，其连心线O_1O_2为定长，由式（6.1）可知，欲使其瞬时传动比i_{12}为常数，则$\overline{O_2P}/\overline{O_1P}$为常数，那么必须使$P$点为连心线上的固定点。由此可得出齿廓啮合基本定律：欲使两齿轮的瞬时传动比为一常数，则其齿廓曲线必须符合下列条件，即：不论两齿廓在任何位置接触，过接触点所作的两齿轮公法线都必须与两轮连心线交于一定点（节点）P。过节点P所作的两个相切的圆称为节圆，r_1'、r_2'表示两节圆半径。由于节点的相对速度等于零，所以一对齿轮传动时，相当于一对节圆在作纯滚动。又由图可知，两齿轮中心距$a_{O_1O_2}$为两节圆半径之和。

把实现定传动比的一对齿廓称为共轭齿廓。一般来讲，任意给定一条齿廓曲线，就可以根据齿廓啮合基本定律作出与其共轭的另一条齿廓曲线。

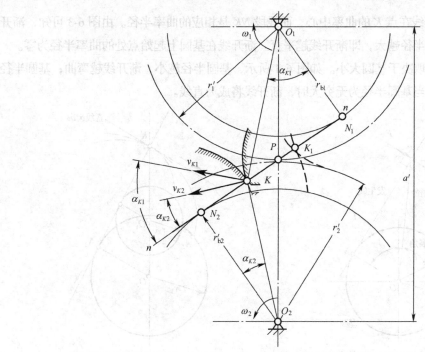

图6-2 渐开线的瞬时传动比恒定

目前常用的齿廓曲线有渐开线、摆线和圆弧线等，其中渐开线齿廓曲线应用最为广泛。

渐开线标准直齿圆柱齿轮

6.2.1 渐开线的形成及基本性质

1. 渐开线的形成

如图 6-3 所示，当直线 NK 沿一固定圆作纯滚动时，直线上任一点 K 的轨迹称为该圆的渐开线，这个固定圆是渐开线的基圆，其半径用 r_b 表示，直线 NK 称为发生线。如果发生线沿相反方向在基圆上滚动，可得到反方向的渐开线。

2. 渐开线的基本性质

由渐开线形成过程可知，渐开线具有下列特性。

（1）发生线沿基圆滚过的直线长度，等于基圆上被滚过的一段弧长，即 $\overline{KN} = \overparen{NA}$。

（2）当发生线沿基圆作纯滚动时，发生线 NK 就是渐开线在点 K 的法线。因发生线总是与基圆相切，故可得结论：渐开线上任一点的法线必与其基圆相切。

（3）切点 N 是渐开线在点 K 的曲率中心，而线段 NK 是相应的曲率半径。由图 6-3 可知，渐开线离基圆越远，其曲率半径越大，即渐开线越平直。渐开线在基圆上起始点处的曲率半径为零。

（4）渐开线的形状取决于基圆大小。如图 6-4 所示，基圆半径越小，渐开线越弯曲；基圆半径越大，渐开线越平直，当基圆半径为无穷大时，渐开线将成为直线。

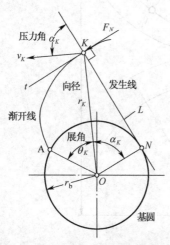

图6-3　渐开线的形成与齿轮渐开线齿廓

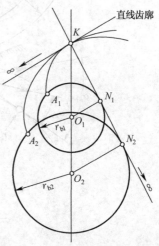

图6-4　不同基圆所得到的渐开线

（5）基圆内无渐开线。

3. 渐开线齿廓的压力角

如图 6-3 所示，若以渐开线作为齿轮的齿廓，当两个齿轮的轮齿在任一点 K 点啮合时，其法向力 F_N 的方向沿着 K 点法线方向，而齿廓上 K 点的速度 v_K 垂直于 OK 线。K 点的受力方向与运动速度方向之间所夹的锐角，称为渐开线上 K 点处的压力角，用 α_K 表示，单位为度（°）。

以 r_b 表示基圆半径，r_K 表示渐开线上 K 点的向径，由图 6-3 可知，在直角三角形 $\triangle NOK$ 中，$\angle NOK$ 的两条边与 K 点压力角 α_K 的两条边对应垂直，即 $\angle NOK = \alpha_K$，故有

$$\cos\alpha_K = \frac{ON}{OK} = \frac{r_b}{r_K} \tag{6.2}$$

式（6.2）表明：渐开线上各点的压力角是不同的，渐开线起点处的压力角为零；渐开线上的点离基圆越远，其压力角越大。

压力角的大小将直接影响一对齿轮的传力性能，所以压力角是齿轮传动中的一个重要参数。

6.2.2　渐开线标准直齿圆柱齿轮的基本参数和几何尺寸

如图 6-5 所示，渐开线直齿圆柱齿轮的各部分名称如下。

1. 齿数

在齿轮整个圆周上轮齿的总数称为该齿轮的齿数，用 z 表示。

2. 齿顶圆

过齿轮所有轮齿顶端的圆称为齿顶圆，用 r_a 和 d_a 分别表示其半径和直径。

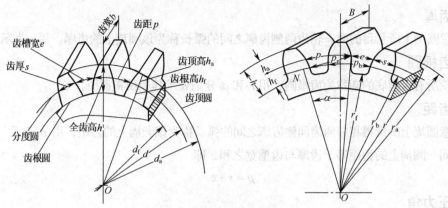

图6-5　齿轮各部分名称及符号

3. 齿槽宽

齿轮相邻两齿之间的空间称为齿槽，在任意圆周上所量得齿槽的弧长称为该圆周上的齿槽宽，以 e 表示。

4. 模数

为了设计和制造的方便，将齿轮上某个圆作为度量齿轮尺寸的基准，称这个圆为分度圆。约定分度圆上有关尺寸符号一律不加脚标，分度圆直径用 d 表示，半径用 r 表示。

相邻两齿同侧齿廓之间的分度圆弧长称为分度圆齿距，用 p 表示。于是，分度圆周长为 $pz = \pi d$，因此 $d = zp/\pi$，式中包含无理数 π。为了方便设计、制造和检验，人为地规定 p/π 的值为标准值，并且规定比值是一个有理数，称为模数，用 m 表示，其单位为 mm。即

$$m = p / \pi \qquad (6.3)$$

于是，分度圆的直径为

$$d = mz \qquad (6.4)$$

模数间接地反映了轮齿的大小。由式（6.4）可知，当齿数一定时，齿轮的模数越大，其分度圆直径就越大，轮齿也就越大。图 6-6 所示为齿数相同，而模数不同的 3 个直齿圆柱齿轮的比较。由图可见，齿轮的模数越大，其齿距就越大，轮齿也就越大。齿轮的轮齿越大，承载能力就越大。因此，模数是设计和制造齿轮的一个重要参数。

表 6-1 为国标 GB/T　1357—2008 规定的标准模数系列。

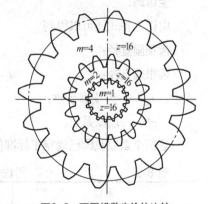

图6-6　不同模数齿轮的比较

表 6-1	标准模数系列															单位：mm
第一系列	1　1.25　1.5　2　2.5　3　4　5　6　8　10　12　16　20　25　32　40　50
第二系列	1.125　1.375　1.75　2.25　2.75　3.5　4.5　5.5（6.5）7　9　11　14　18　22　28　35　45

注：1. 本表适用于渐开线圆柱齿轮，对斜齿轮，指法向模数。

　　2. 优先采用第一系列，括号内的模数尽可能不用。

5. 齿厚

沿任意圆周上所量得的同一轮齿两侧齿廓之间的弧长称为该圆周上的齿厚，用 s 表示。

6. 齿根圆

过齿轮所有齿槽底的圆称为齿根圆，用 r_f 和 d_f 分别表示其半径和直径。

7. 齿距

沿任意圆周上所量得相邻两齿同侧齿廓之间的弧长称为该圆周上的齿距，用 p 表示。由图 6-5 可知，在同一圆周上的齿距等于齿厚与齿槽宽之和，即

$$p = s + e \qquad (6.5)$$

8. 压力角

由渐开线方程式（6.2）可知，同一渐开线齿廓上各点的压力角是不同的，向径 r_K 越大，其压力角越大，反之越小，基圆上渐开线齿廓点的压力角等于零。通常所说的压力角是指分度圆上的压力角，以 α 表示，并规定为标准值，我国取 $\alpha = 20°$。此外，在某些场合也采用 $14.5°$、$15°$、$22.5°$ 或 $25°$。

9. 齿顶高、齿根高和全齿高

如图 6-5 所示，轮齿被分度圆分为两部分，介于轮齿在分度圆和齿顶圆之间的轮齿部分称为齿顶，其径向高度称为齿顶高，以 h_a 表示。介于分度圆和齿根圆之间的部分称为齿根，其径向高度称为齿根高，以 h_f 表示，介于齿顶圆和齿根圆之间的轮齿径向高度称为全齿高，以 h 表示。标准齿轮的尺寸与模数 m 成正比。即

齿根高：　　　　　　　　　　　$h_a = h_a^* m$

齿根高：　　　　　　　　　　　$h_f = (h_a^* + c^*) m$

全齿高：　　　　　　　　　　　$h = h_a + h_f = (2h_a^* + c^*) m$

由以上各式还可以得到

齿顶圆直径：　　　　　　　　　$d_a = d + 2h_a = (z + 2h_a^*) m$

齿根圆直径：　　　　　　　　　$d_f = d - 2h_f = (z - 2h_a^* - 2c^*) m$

式中，h_a^*——齿顶高系数，

　　　c^*——顶隙系数。

这两个系数我国已规定了标准值，见表 6-2。

表 6-2　　　　　　　　　圆柱齿轮标准齿顶高系列及顶隙系数

系数	正常齿	短齿
h_a^*	1	0.8
c^*	0.25	0.3

顶隙 $c = c^* m$，是指一对齿轮啮合时，一个齿轮的齿顶圆到另一个齿轮的齿根圆之间的径向距离。在齿轮传动中，为避免齿轮的齿顶端与另一齿轮的齿槽底相抵触，须留有顶隙以利于储存润滑油便于润滑，还可以补偿在制造和安装中造成的齿轮中心距的误差及齿轮变形等。

渐开线直齿圆柱标准齿轮有 5 个基本参数：齿数 z（正整数）、模数 m（标准值）、压力角 α（我

国标准为$\alpha = 20°$）、齿顶高系数h_a^*（$h_a^* = 1$）和顶隙系数c^*（$c^* = 0.25$）。

标准齿轮无侧隙啮合时，两齿轮的分度圆是相切的，所以齿轮传动的标准中心距为

$$a = r_1 + r_2$$

6.2.3 几何尺寸计算

外啮合渐开线标准直齿圆柱齿轮几何尺寸的计算公式如表 6-3 所示。

表 6-3 　　　　　　　　渐开线标准直齿圆柱齿轮几何尺寸计算公式

名称	符号	计算公式
分度圆直径	d	$d = mz$
齿顶高	h_a	$h_a = h_a^* m$
齿根高	h_f	$h_f = (h_a^* + c^*)m$
齿全高	h	$h = h_a + h_f$
齿顶圆直径	d_a	$d_a = (z + 2h_a^*)m$
齿根圆直径	d_f	$d_f = (z - 2h_a^* - 2c^*)m$
基圆直径	d_b	$d_b = d\cos\alpha = mz\cos\alpha$
齿距	p	$p = \pi m$
齿厚	s	$s = \pi m/2$
齿槽宽	e	$e = \pi m/2$
中心距	a	$a = (d_1 + d_2)/2 = m(z_1 + z_2)/2$
顶隙	c	$c = c^* m$
传动比	i_{12}	$i_{12} = \dfrac{w_1}{w_2} = \dfrac{d_2}{d_1} = \dfrac{z_2}{z_1}$

6.2.4 内齿轮和齿条

1. 内齿轮

图 6-7 所示为直齿内齿轮的部分轮齿，与外齿轮相比，它有如下特点。

（1）内齿轮的直径大小关系为：$d_f > d > d_a > d_b$。

（2）内齿轮的齿厚和齿槽宽等于与其啮合的外齿轮的齿槽宽和齿厚。

（3）内齿轮的几何尺寸：

$$d_a = (z - 2h_a^*)m \tag{6.6}$$

$$d_f = (z + 2h_a^* + 2c^*)m \tag{6.7}$$

$$a = \frac{m(z_2 - z_1)}{2} = \frac{d_2 - d_1}{2} \tag{6.8}$$

2. 齿条

齿条是齿轮的一种特殊形式，即当齿轮的轮齿为无穷多时，其圆心将位于无穷远处，则齿轮的各圆都变成相互平行的直线，渐开线齿廓也变成直线齿廓。如图 6-8 所示，齿条齿形有以下特点。

（1）齿条两侧齿廓是由对称的斜直线组成的，因此与齿顶线平行的各条直线上具有相同的齿距，但是只有齿条分度线上的齿厚等于齿槽宽。

（2）齿条齿廓上各点的法线互相平行，齿廓上各点的压力角相等且都等于齿形角 α。

（3）齿顶高（$h_a = h_a^* m$）和齿根高（$h_f = (h_a^* + c^*)m$）与标准直齿圆柱齿轮相同。

正确安装的标准齿轮与齿条传动，齿轮分度圆（始终与节圆重合）与齿条中线（与齿条节线重合）相切并且作纯滚动。这时，啮合角等于压力角，即 $\alpha' = \alpha = 20°$。

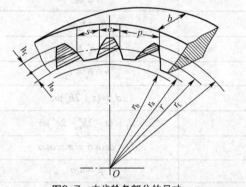

图6-7　内齿轮各部分的尺寸

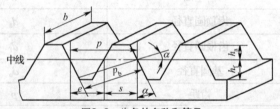

图6-8　齿条的名称和符号

6.2.5　公法线长度

齿轮上跨过一定齿数 k 所得的渐开线间的法线距离称为公法线长度，用 W_k 表示。跨齿数 k 和公法线长度 W_k 的计算可由机械设计手册查得，或运用图 6-9 所示的基圆齿距 p_b 和基圆齿厚 s_b 得出：

$$W_k = (k-1)p_b + s_b \tag{6.9}$$

测量公法线长度只需普通的卡尺或专用的公法线千分尺，测量方法简便，应用较广。

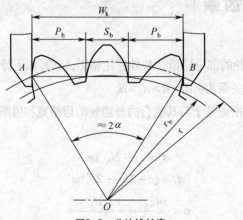

图6-9　公法线长度

6.3 渐开线标准直齿圆柱齿轮的啮合传动

6.3.1 正确啮合条件

齿轮传动是靠多对轮齿依次啮合实现的，但并非任意两个渐开线齿轮都能搭配起来正确啮合传动。为此，必须要研究一对渐开线齿轮正确啮合的条件。

两齿轮在啮合过程中，每对齿轮仅啮合一段时间便要分离，而由后一对轮齿接替。接替时在啮合线上至少同时有两对齿廓啮合。图 6-10（a）所示为一对渐开线齿轮正在进行啮合传动。

该图说明，当轮 1 上的相邻两齿同侧齿廓在 N_1N_2 线上的 K、K' 点参与啮合时，要求轮 2 上与之啮合的两同侧齿廓在 N_1N_2 线上的交点必须与 K、K' 重合（因为齿廓只在啮合线上的点才能参与啮合），否则将出现相邻两齿廓在啮合线上不接触（见图 6-10（b））或重叠的现象（见图 6-10（c）），而无法啮合传动。

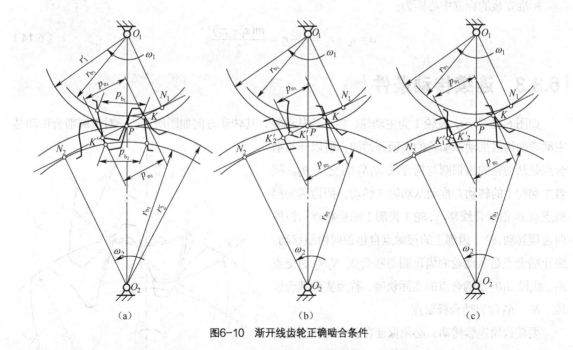

| (a) | (b) | (c) |

图6-10 渐开线齿轮正确啮合条件

由此可知，要使两齿轮正确啮合，它们的相邻两齿同侧齿廓在啮合线上的长度（法向齿距 p_n）必须相等，即 $p_{n_1} = p_{n_2}$。由渐开线的性质可知，齿轮的法向齿距 p_n 等于其基圆齿距 p_b，所以有

$$p_{b_1} = p_{b_2}, \text{ 而 } p_{b_1} = \frac{\pi d_{b_1}}{z_1} = \frac{\pi d_1 \cos \alpha_1}{z_1} = \pi m_1 \cos \alpha_1, \text{ 同理 } p_{b_2} = \pi m_2 \cos \alpha_2$$

故
$$m_1 \cos \alpha_1 = m_2 \cos \alpha_2$$

由于渐开线齿轮的模数和压力角均为标准值，所以两轮的正确啮合条件为

$$m_1 = m_2 = m \tag{6.10}$$

$$\alpha_1 = \alpha_2 = \alpha \tag{6.11}$$

即两齿轮的模数和压力角分别相等。

6.3.2 标准齿轮的标准安装

在设计时，为保证无侧隙啮合，齿轮传动要采用标准安装。所谓标准安装，就是按齿侧无间隙来设计其中心距尺寸，此时的中心距称为标准中心距，用 a 表示。

对于一对相啮合的标准齿轮，其分度圆上的齿厚等于齿槽宽，即

$$s = e = \frac{p}{2} = \frac{m\pi}{2} \tag{6.12}$$

若要保证无侧隙啮合，就要求将标准齿轮安装成分度圆与节圆重合，这样即可满足无侧隙啮合。此时，齿轮分度圆和节圆的直径相等，即

$$d = d' \tag{6.13}$$

标准安装的标准中心距为：

$$a = r_1' + r_2' = r_1 + r_2 = \frac{m(z_1 + z_2)}{2} \tag{6.14}$$

6.3.3 连续传动条件

如图 6-11 所示，设轮 1 为主动轮，轮 2 为从动轮，其转动方向如图所示。一对齿廓啮合传动是主动轮的齿根推动从动轮的齿顶开始的，所以开始啮合点是从动轮的齿顶圆与啮合线 N_1N_2 的交点 B_2。随着主动轮 1 的转动并推动从动轮 2 转动，两齿廓的接触点自 B_2 沿啮合线移动，轮 1 齿廓上的接触点自齿根向齿顶移动，轮 2 齿廓上的接触点自齿顶向齿根移动。终止啮合点是从动轮的齿顶圆与啮合线 N_1N_2 的交点 B_1。线段 B_1B_2 是啮合点的实际轨迹，称为实际啮合线段。N_1、N_2 称为啮合极限点。

要使齿轮连续传动，必须保证在前一对轮齿啮合点尚未移到 B_1 点脱离啮合前，第二对轮齿能及时到达 B_2 点进入啮合。显然两轮连续传动的条件为：

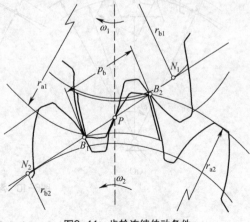

图6-11 齿轮连续传动条件

$$B_1B_2 > p_b \tag{6.15}$$

通常把实际啮合线长度与基圆齿距的比称为重合度，以 ε 表示，即

$$\varepsilon = \frac{B_1 B_2}{p_b} \qquad (6.16)$$

理论上，$\varepsilon = 1$ 就能保证连续传动，但由于齿轮的制造和安装误差以及传动中轮齿的变形等因素，必须使 $\varepsilon > 1$。重合度的大小，表明同时参与啮合的齿对数的多少，其值大则传动平稳，每对轮齿承受的载荷也小，相对地提高了齿轮的承载能力。

6.4 渐开线齿轮的切齿原理及变位齿轮简介

6.4.1 渐开线齿轮的切齿原理

齿廓加工方法很多，最常用的是切制法。按其原理可分成仿形法和范成法两种。

1. 仿形法

仿形法的特点是：所采用的成形刀具切削刃的形状，在其轴向剖面内与被切齿轮齿槽的形状相同。常用的有盘状铣刀（见图 6-12（a））和指状铣刀（见图 6-12（b））。通常情况下，盘状铣刀用于加工模数 $m \leqslant 10\mathrm{mm}$ 的齿轮；指状铣刀用于加工模数 $m = 10 \sim 100\mathrm{mm}$ 的齿轮，并可用于切制人字齿轮。

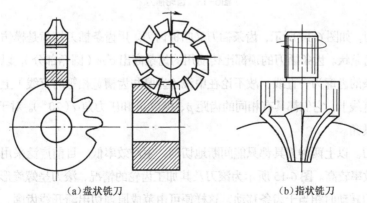

（a）盘状铣刀　　　　　　　　　　（b）指状铣刀

图6-12　仿形铣刀

加工时铣刀绕本身轴线转动，同时轮坯沿齿轮轴线方向移动，直到铣出一个齿槽以后，再将轮坯退回原处，然后转过 $360°/z$ 再铣第二个齿槽。依此类推，便可切制出一个齿轮。

仿形法的优点是加工方法简单，不需要专门的齿轮加工设备。缺点是由于铣制相同模数不同齿

数的齿轮是用一组有限数目的齿轮铣刀来完成的，所选铣刀不可能与要求的齿形准确吻合，加工出的齿形不够准确，轮齿的分度有误差，制造精度较低；由于切削是断续的，生产效率低。因此，仿形法常用于单件、修配或少量生产及齿轮精度要求不高的齿轮加工。

2. 范成法

范成法是目前齿轮加工中最常用的一种方法。它是运用一对相互啮合齿轮的共轭齿廓互为包络线的原理来加工齿廓的。范成法加工齿轮常用的刀具有齿轮插刀、齿条插刀和齿轮滚刀。

（1）齿轮插刀。图 6-13（a）所示为齿轮插刀加工齿轮的情况。齿轮插刀是一个具有切削刃的渐开线外齿轮，刀具顶部比正常齿高出 c^*m，以便切出顶隙部分。插齿时，插刀与轮坯严格地按定比传动作范成运动（即啮合传动），如图 6-13（b）所示，插刀同时沿轮坯轴线方向作上下往复的切削运动，直至全部齿槽切制完毕。为了防止插刀退刀时擦伤已加工的齿廓表面，在退刀时，轮坯还须作小距离的让刀运动。另外，为了切出轮齿的整个高度，插刀还需要向轮坯中心作径向进给运动。

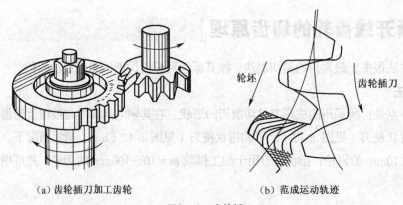

（a）齿轮插刀加工齿轮　　　　　　　（b）范成运动轨迹

图6-13　齿轮插刀

（2）齿条插刀。如图 6-14 所示，齿条插刀又叫梳齿刀。用齿条插刀切齿是模仿齿轮与齿条的啮合过程，刀具为齿条状。齿条插刀的顶部比传动用的齿条高出 c^*m（圆角部分），以便切出传动时的顶隙部分。因齿条的齿廓为一直线，故不论在中线（齿厚与齿槽宽相等的直线）上，还是在与中线平行的其他任一直线上，它们都具有相同的齿距 p、模数 m 和压力角 α（20°）。对于齿条刀具，α 也称为齿形角或刀具角。

（3）齿轮滚刀。以上两种刀具都只能间断地切削，生产效率低。目前广泛采用的齿轮滚刀，能连续切削，生产效率较高。图 6-15 所示为滚刀及其加工齿轮的情况，滚刀呈螺旋形状，它的轴向截面为一齿条。滚刀转动时相当于齿条移动，这样便可由范成原理切出渐开线齿廓。滚刀除旋转外，还沿轮坯轴线移动，以便切出整个齿宽。滚切直齿轮时，为使刀齿螺旋线方向与被切轮齿方向一致，在安装滚刀时需使其轴线与轮坯端面成一滚刀升角 γ。

用范成法加工齿轮时，只要刀具和被加工齿轮的模数 m、压力角 α 相同，不管加工齿轮的齿数是多少，都可以用同一把滚刀来加工。而且加工效率高。

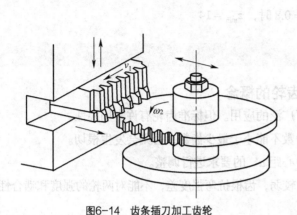

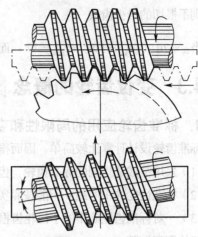

图6-14　齿条插刀加工齿轮　　　　　　　　　　图6-15　齿轮滚刀加工齿轮

6.4.2　根切现象与最小齿数

用范成法加工齿轮时，有时会出现刀具的顶部切入齿根，将齿根部分渐开线齿廓切去的现象，这种现象称为根切，如图 6-16 所示。严重根切的齿轮削弱了轮齿的抗弯强度，导致传动不平稳，对传动十分不利，因此，应尽力避免产生根切现象。

经过分析证明，用范成法切削齿轮时，若刀具的齿顶线或齿顶圆与啮合线的交点超过被加工齿轮的啮合极限点 N_1 时就会产生根切，如图 6-17 所示。

用齿条型刀具切削齿轮，要不产生根切，必须使刀具齿顶线与啮合线的交点 B 不超过啮合极限点 N_1，如图 6-17 所示，即应使 $N_1A \geqslant BB_1$。

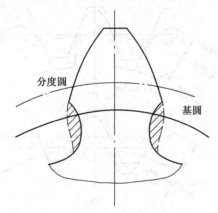

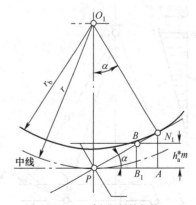

图6-16　齿轮根切现象　　　　　　　　　　图6-17　避免根切的条件

$$N_1A = PN_1 \sin \alpha = r \sin^2 \alpha = \frac{1}{2}mz \sin^2 \alpha \tag{6.17}$$

$$BB_1 = h_a^* m \tag{6.18}$$

故　　　　　　　　　　　　$$\frac{1}{2}mz \sin^2 \alpha \geqslant h_a^* m \tag{6.19}$$

则不根切的最少齿数

$$z_{\min} = \frac{2h_a^*}{\sin^2 \alpha} \qquad (6.20)$$

当 $\alpha = 20°$，$h_a^* = 1$ 时，$z_{\min} = 17$；而 $h_a^* = 0.8$ 时，$z_{\min} = 14$。

6.4.3 变位齿轮的概念

1. 标准齿轮应用的局限性和变位齿轮的概念

标准齿轮设计计算比较简单，因而得到了广泛的应用。但标准齿轮有许多局限性。

（1）采用范成法切制的标准齿轮，齿轮齿数不能小于最少齿数，否则会发生根切。

（2）标准齿轮的中心距 a 不能按照实际中心距 a' 的要求进行调整。

（3）一对标准齿轮副中的小齿轮齿根相对较弱，齿根抗弯强度差，不能对两轮的强度和啮合性能进行均衡和调整。

要避免根切，就需使刀具的顶线不超过点 N_1。在不改变被切齿轮齿数的情况下，只要改变刀具与轮坯的相对位置就可以避免根切。如图 6-18 所示，将刀具移出一段距离至实线位置时，刀具的顶线将不超过点 N_1，显然这就不会发生根切了。这种改变刀具与轮坯相对位置而达到不发生根切的方法称为变位法，采用这种方法切制的齿轮称为变位齿轮。

以切制标准齿轮的位置为基准，刀具由基准位置沿径向移开的距离用 xm 表示，其中 m 为模数，x 称为变位系数，并规定刀具离开轮坯中心的变位系数为正，反之为负。对应于 $x > 0$、$x = 0$ 及 $x < 0$ 的变位分别称为正变位、零变位及负变位。

2. 变位齿轮的切制

如图 6-19 所示，采用齿条型刀具加工齿轮时，刀具节线与轮坯分度圆相切并作纯滚动。

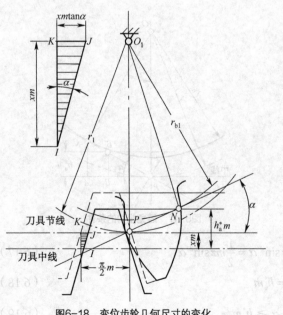

图6-18　变位齿轮几何尺寸的变化

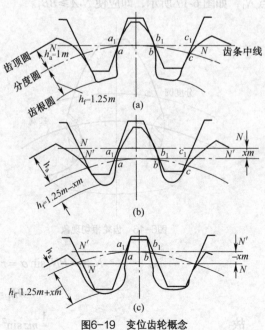

图6-19　变位齿轮概念

根据刀具安装位置的不同，变位齿轮的切制可分为加工零变位齿轮、正变位齿轮及负变位齿轮 3 种。

（1）齿条刀具中线与轮坯分度圆相切（见图 6-19（a））：由于刀具中线上的齿厚等于齿槽宽，因此加工出来的齿轮在分度圆上的齿槽宽等于齿厚，是标准齿轮。

（2）齿条刀具中线与轮坯分度圆分离（见图 6-19（b））：由于刀具中线上齿顶部分节线上的齿厚小于齿槽宽，因此加工出来的齿轮在分度圆上的齿槽宽小于齿厚，是正变位齿轮。

（3）齿条刀具中线与轮坯分度圆相交（见图 6-19（c））：由于与刀具中线平行的刀根部分节线上的齿厚大于齿槽宽，因此加工出来的齿轮在分度圆上的齿槽宽大于齿厚，是负变位齿轮。

6.5　齿轮传动的失效形式和材料选择

6.5.1　齿轮传动的失效形式

齿轮传动就其装置而言，有开式、半开式及闭式；就其使用情况来说，有低速、高速及轻载、重载；就齿轮材料及热处理工艺的不同，有较脆或较韧，齿面有较硬或较软等。因此，齿轮的失效形式也不同。一般来说，齿轮传动的失效主要是轮齿的失效。其主要失效形式有轮齿折断、齿面点蚀、齿面胶合、齿面磨损及齿面塑性变形等。

1. 轮齿折断

轮齿受力时齿根弯曲应力最大，而且有应力集中，因此，轮齿折断一般发生在齿根部分，如图 6-20（a）、（b）所示。

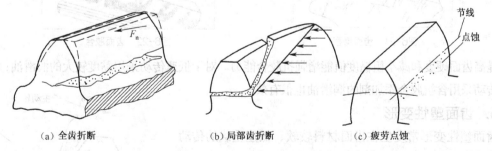

（a）全齿折断　　　　　　　（b）局部齿折断　　　　　　　（c）疲劳点蚀

图6-20　轮齿折断和齿面疲劳点蚀

轮齿因短时意外的严重过载而引起的突然折断，称为过载折断。这主要发生在脆性材料上（如淬火钢或铸铁）。轮齿像一个悬臂梁，在载荷的多次重复作用下，弯曲应力超过弯曲疲劳极限时，齿根部分将产生疲劳裂纹，然后逐渐扩展，最终引起轮齿折断。若轮齿单侧工作，其应力按脉动循环变化。若轮齿双侧工作，则弯曲应力按对称循环变化。

为了提高齿轮的抗折断能力，可采用下列措施。

（1）用增大齿根过度圆角半径及消除加工刀痕的方法来减小齿根应力集中。

（2）增大轴及支承的刚性，使轮齿接触线上受载较为均匀。

（3）采用合理的热处理方法使齿芯材料具有足够的韧性。

（4）采用喷丸、滚压等工艺措施对齿根表层进行强化处理。

2. 齿面疲劳点蚀

齿轮传动工作时，齿面间的接触相当于轴线平行的两圆柱滚子间的接触，在接触处将产生变化的接触应力 σ_H，在 σ_H 反复作用下，轮齿表面出现疲劳裂纹。疲劳裂纹扩展的结果，使齿面金属脱落而形成麻点状凹坑，这种现象称为齿面疲劳点蚀。实践表明，疲劳点蚀首先出现在齿面节线附近的齿根部分，如图 6-20（c）所示。发生点蚀后，齿廓形状遭到破坏，齿轮在啮合过程中会产生剧烈的振动，噪音增大，以至于齿轮不能正常工作而使传动失效。

提高齿面硬度、降低齿面粗糙度、合理选用润滑油黏度等，都能提高齿面的抗点蚀能力。

3. 齿面磨损

当啮合齿面间落入磨料性物质（如砂粒、铁屑等）时，轮齿工作表面被逐渐磨损，使齿轮失去原有的曲面形状，同时轮齿变薄而导致传动失效，这种磨损称为磨粒磨损，如图 6-21 所示。它是开式传动的主要失效形式之一。改用闭式传动是避免齿面磨损最有效的办法。

4. 齿面胶合

在高速重载传动中，常因啮合区温度升高而引起润滑失效，致使两齿面金属直接接触并粘着。当两齿面相对运动时，较软的齿面沿滑动方向被撕下而形成沟纹，这种现象称为齿面胶合，如图 6-22 所示。在低速重载传动中，由于齿面间的润滑油膜不易形成也可能产生胶合破坏。

图6-21 齿面磨损

图6-22 齿面胶合

提高齿面硬度和减小粗糙度值能增强抗胶合能力。对于低速传动采用黏度较大的润滑油；对于高速传动采用含抗胶合添加剂的润滑油也很有效。

5. 齿面塑性变形

齿面塑性变形常发生在齿面材料较软、低速重载的传动中。因过载使齿面油膜破坏，摩擦力剧增，使齿面表层的材料沿摩擦力方向流动，在从动轮的齿面节线处产生凸起，而在主动轮的齿面节线处产生凹沟，这种现象称为齿面塑性变形。

如图 6-23 所示，齿面塑性变形破坏了齿廓形状，影响了齿轮的正确啮合。适当提高齿面硬度和润滑油黏度可以防止或减轻齿面的塑性变形。

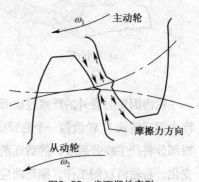

图6-23 齿面塑性变形

6.5.2 齿轮传动的材料选择

由齿轮的失效形式可知,为了使齿轮能够正常地工作,轮齿表面应该有较高的硬度,以增强它的抗点蚀、抗磨损、抗胶合和抗塑性变形的能力;轮齿芯部应该有较好的韧性,以增强它承受冲击载荷的能力。齿轮的常用材料是锻钢,如各种碳素结构钢和合金结构钢。只有当齿轮的尺寸较大($d_a > 400 \sim$ 600mm)或结构复杂不容易锻造时,才采用铸钢。在一些低速轻载的开式齿轮传动中,也常采用铸铁齿轮。在高速、小功率、精度要求不高或需要低噪音的特殊齿轮传动中,可以采用非金属材料齿轮。

对齿轮材料性能的基本要求为:齿面要硬,齿芯要韧,有良好的加工工艺性能及热处理性能。

按照齿轮热处理后齿面硬度的高低,分为软齿面齿轮传动(齿面硬度≤350HBS)和硬齿面齿轮传动(齿面硬度 > 350HBS)两类。

1. 常用的齿轮材料

常用的齿轮材料是各种牌号的优质碳素钢、合金结构钢、铸铁和铸钢等。表 6-4 列出了常用的齿轮材料及其热处理后的硬度。

2. 齿轮材料的选择原则

(1)闭式软齿面齿轮传动常用的材料有 35、45、40Cr 和 35SiMn,经调质或正火处理。由于小齿轮轮齿工作次数较多,可使其齿面硬度比大齿轮的高出 25~50 HBS。此类材料的特点是制造方便,多用于对强度、速度和精度要求不高的一般机械传动中。

(2)闭式硬齿面齿轮传动常用的材料有 20、20Cr、20CrMnTi 表面渗碳淬火和 45、40Cr 表面淬火或整体淬火,一般齿面硬度为 45~65HRC。此类材料的特点是制造较复杂,精度要求高,多用于高速、重载及精密机械中。

(3)当齿轮尺寸较大(如直径大于 400~600mm)而轮坯不易锻造时,可采用铸钢;开式低速传动可采用灰口铸铁;球墨铸铁有时可代替铸钢。

表 6-4 常用的齿轮材料

类别	牌号	热处理	硬度
优质碳素钢	35	正火	150~180 HBS
		调质	180~210 HBS
		表面淬火	40~45 HRC
	45	正火	170~210 HBS
		调质	210~230 HBS
		表面淬火	43~48 HRC
	50	正火	180~220 HBS
合金结构钢	40Cr	调质	240~285 HBS
		表面淬火	52~56 HRC
	35SiMn	调质	200~260 HBS
		表面淬火	40~45 HRC
	40MnB	调质	240~280 HBS

续表

类别	牌号	热处理	硬度
合金结构钢	40Cr	调质	240～285 HBS
		表面淬火	52～56 HRC
	35SiMn	调质	200～260 HBS
		表面淬火	40～45 HRC
	40MnB	调质	240～280 HBS
	20Cr	渗碳淬火回火	56～62 HRC
	20CrMnTi	渗碳淬火回火	56～62 HRC
	38CrMoAlA	渗氮	60 HRC
铸 钢	ZG270-500	正火	140～170 HBS
	ZG310-570	正火	160～200 HBS
	ZG340-640	正火	180～220 HBS
	ZG35SiMn	正火	160～220 HBS
		调质	200～250 HBS
灰 铁	HT200		170～230 HBS
	HT300		187～255 HBS
球墨铸铁	QT500-5	正火	147～241 HBS
	QT600-2	正火	229～302 HBS

6.6 渐开线直齿圆柱齿轮传动的工作能力分析

6.6.1 齿轮受力分析

为计算齿轮的强度，设计轴和轴承，必须对轮齿上的作用力进行分析。一对标准直齿圆柱齿轮按标准中心距安装，其齿廓在节点 P 接触（见图 6-24），当忽略啮合面间的摩擦力时，可将沿啮合线作用在齿面上的法向力 F_n 分解为圆周力 F_t 与径向力 F_r，由此得到

$$\left.\begin{array}{l} F_t = 2T_1/d_1 \\ F_r = F_t \tan\alpha \\ F_n = F_t/\cos\alpha \end{array}\right\}$$

（6.21）

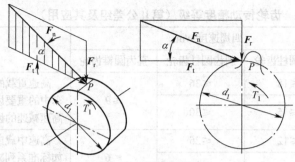

图6-24 齿轮受力分析

式中，T_1——$T_1 = 9.55 \times 10^6 \dfrac{P}{n_1}$，为小齿轮上的转矩，N·mm；

$\qquad$ P——传递的功率，kW；

$\qquad$ n_1——小齿轮的转速，r/min；

$\qquad$ d_1——小齿轮的分度直径，mm；

$\qquad$ α——啮合角，对标准齿轮，$\alpha = 20°$。

圆周力 F_t 的方向在主动轮上与运动方向相反，在从动轮上与运动方向相同。径向力 F_r 的方向分别指向各自的轮心。

理论上 F_n 应沿齿宽均匀分布，但由于轴和轴承的变形、传动装置的制造和安装误差等原因，载荷分布并不均匀，因而出现载荷集中现象。轴和轴承的刚度越小，齿宽越宽，载荷集中越严重。齿轮制造误差及轮齿变形等原因，还会引起附加动载荷。因此，计算齿轮强度时，通常用计算载荷 KF_n 代替名义载荷 F_n。K 为载荷系数，其值可由表 6-5 查取。

表 6-5 载荷系数 K

原动机	工作机的载荷特性		
	均匀	中等冲击	大的冲击
电动机	1～1.2	1.2～1.6	1.6～1.8
多缸内燃机	1.2～1.6	1.6～1.8	1.9～2.1
单缸内燃机	1.6～1.8	1.8～2.0	2.2～2.4

6.6.2　齿轮传动的精度及其选择

在渐开线圆柱齿轮和圆锥齿轮精度标准（GB　10095.2—2008 和 GB　11365—89）中，规定了 12 个精度等级，按精度高低依次为 1～12 级，常用的是 6～9 级。根据对运动准确性、传动平稳性和载荷分布均匀性的要求不同，将齿轮的各项公差分为 3 个组：第Ⅰ、第Ⅱ和第Ⅲ公差组。设计时可参考表 6-6 选取精度等级。

表 6-6 齿轮传动精度等级 (第 II 公差组及其应用)

精度等级	齿面硬度 HBS	四周速度 v/m.s⁻¹			应用举例
		直齿圆柱齿轮	斜齿圆柱齿轮	直齿圆锥齿轮	
6	≤350	≤18	≤36	≤9	高速重载的齿轮传动，如机床、汽车中的重要齿轮，分度机构的齿轮，高速减速的齿轮等
	>350	≤15	≤30		
7	≤350	≤12	≤25	≤6	高速中载或中速重载的齿轮传动，如标准系列减速器的齿轮，机床和汽车变速箱中的齿轮等
	>350	≤10	≤20		
8	≤350	≤6	≤12	≤3	一般机械中的齿轮传动，如机床、汽车和拖拉机中的一般齿轮，起重机械中的齿轮，农业机械中的重要齿轮等
	>350	≤5	≤9		
9	≤350	≤4	≤8	≤2.5	低速重载的齿轮，低精度机械中的齿轮等
	>350	≤3	≤6		

注：第 I、III 公差组的精度等级参阅有关手册，一般第 III 公差组不低于第 II 公差组的精度等级。

6.6.3 轮齿弯曲强度分析

齿轮传动的强度计算是根据轮齿可能出现的失效形式来进行的。在一般的闭式齿轮传动中，轮齿的主要失效形式是齿面疲劳点蚀和轮齿疲劳折断，因此本节只讨论齿面接触疲劳强度和齿根弯曲疲劳强度的计算。

1. 齿面接触疲劳强度计算

齿面点蚀是因为接触应力过大而引起的。因此，为防止齿面过早产生疲劳点蚀，在强度计算时，应使齿面节线附近产生的最大接触应力小于或等于齿轮材料的接触疲劳许用应力。即

$$\sigma_H \leq [\sigma_H]$$

经推导整理可得标准直齿圆柱齿轮传动的齿面接触疲劳强度的校核式为

$$\sigma_H = 3.52 Z_E \sqrt{\frac{K T_1 (u \pm 1)}{b d_1^2 u}} \leq [\sigma_H] \tag{6.22}$$

式中，σ_H——齿面工作时产生的接触应力，MPa；

$[\sigma_H]$——齿轮材料的接触疲劳许用应力，MPa；

T_1——小齿轮传递的转矩，N·mm；

b——工作齿宽，mm；

u——齿数比，即大齿轮齿数与小齿轮齿数之比，$u = \dfrac{z_2}{z_1}$；

K——载荷系数，其值见表 6-5；

Z_E——齿轮材料的弹性系数 $\sqrt{MPa}$，其值见表 6-7；"$\pm$"是啮合类型，"+"用于外啮合，"−"

用于内啮合。

表 6-7	材料弹性系数 Z_E		单位：$\sqrt{MPa}$
两轮材料组合	钢对钢	钢对铸铁	铸铁对铸铁
Z_E	189.8	165.4	144

为了便于设计计算，引入齿宽系数 $\psi_d = \dfrac{b}{d_1}$，在一般精度的圆柱齿轮减速器中，为补偿

加工和装配的误差，应使小齿轮比大齿轮宽一些，小齿轮的齿宽取 $b_1 = b_2 + （5～10）$ mm。齿宽 b_1，b_2 都应圆整为整数，最好个位数为 0 或 5。将 ψ_d 代入式（6.22）得到齿面接触疲劳强度的设计公式

$$d_1 \geqslant \sqrt[3]{\frac{KT_1(u \pm 1)}{\psi_d u}\left(\frac{3.52Z_E}{[\sigma_H]}\right)^2} \qquad (6.23)$$

应用上述公式时应注意以下几点。

（1）两齿轮的齿面接触应力相等。

（2）若两轮材料齿面硬度不同，则两轮的接触疲劳许用应力不同，进行强度计算时应选用较小值。

（3）齿轮传动的接触疲劳强度取决于齿轮直径（齿轮的大小）或中心距，即与 m、z 的乘积有关，而与模数的大小无关。

2. 齿根弯曲疲劳强度

轮齿齿根的弯曲疲劳强度计算是为了防止轮齿根部的疲劳折断。轮齿的疲劳折断主要与齿根弯曲应力的大小有关。为简化计算，假定全部载荷由一对轮齿承担，且载荷作用于齿顶时齿根部分产生的弯曲应力最大。计算时可将轮齿看作宽度为 b 的悬臂梁。

轮齿的折断位置一般发生在齿根部的危险截面处。危险截面可

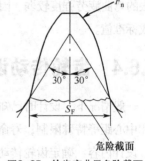

图6-25 轮齿弯曲及危险截面

用 30° 切线法来确定，即作与轮齿对称中心线成 30° 角并与齿根过渡曲线相切的两条直线，连接两个切点的截面即齿根的危险截面，如图 6-25 所示。

根据强度条件，经过推导和整理，可得到轮齿齿根弯曲疲劳强度的校核公式为

$$\sigma_F = \frac{2KT_1}{bm^2 z_1}Y_F Y_S \leqslant [\sigma_F] \qquad (6.24)$$

令 $\psi_d = b/d$，代入可得直齿圆柱齿轮传动时齿根弯曲疲劳强度的设计公式为

$$m \geqslant \sqrt[3]{\frac{2KT_1 Y_F Y_S}{\psi_d z_1^2 [\sigma_F]}} \qquad (6.25)$$

式中，σ_F——齿根的弯曲应力，MPa；

$[\sigma_F]$——齿轮材料的许用弯曲应力，MPa；

Y_F——齿形系数；

Y_S——应力修正系数。

齿形系数 Y_F 是考虑齿形对齿根弯曲应力影响的系数。它的值只与齿形有关，而与模数无关，是一个无量纲的参数，对于标准齿轮则仅取决于齿数。标准外齿轮的齿形系数 Y_F 的数值可查表6-8。

应力修正系数 Y_S 是考虑齿根圆角处的应力集中以及齿根部危险截面上压应力等影响的系数。对于标准齿轮来说，仅取决于齿数。标准外齿轮的应力修正系数 Y_S 按表6-8查取。

表6-8　　　　　　标准外齿轮的齿形系数 Y_F 和应力修正系数 Y_S

Z	12	14	16	17	18	19	20	22	25	28
Y_F	3.47	3.22	3.03	2.97	2.91	2.85	2.81	2.75	2.65	2.58
Y_S	1.44	1.47	1.51	1.53	1.54	1.55	1.56	1.58	1.59	1.61
z	30	35	40	45	50	60	80	100	≥200	
Y_F	2.54	2.47	2.41	2.37	2.35	2.30	2.25	2.18	2.14	—
Y_S	1.63	1.65	1.67	1.69	1.71	1.73	1.77	1.80	1.88	

在一对直齿圆柱齿轮的传动中，当传动比 $i \neq 1$ 时，相啮合的两个齿轮的齿数是不相等的，故它们的齿形系数 Y_F 和应力修正系数 Y_S 也都不相等，所以，齿根的弯曲应力 σ_F 也不相等。两个齿轮的材料和热处理一般不相同，它们的许用应力 $[\sigma_{F_1}]$ 和 $[\sigma_{F_2}]$ 也不一样，因此必须分别校核两齿轮的齿根弯曲强度。在进行设计计算时，应将两齿轮 $Y_{F_1}Y_{S_1}/[\sigma_{F_1}]$ 和 $Y_{F_2}Y_{S_2}/[\sigma_{F_2}]$ 比值进行比较，比值大的齿轮齿根的弯曲疲劳强度较弱。因此，应针对两个比值中较大的齿轮进行计算，并且计算所得模数应圆整成标准值。

6.6.4　齿轮传动设计步骤和参数选择

一般情况下，设计时已知：齿轮传动的功率、转速、传动比、工作机和原动机的特性；外形尺寸和中心距等特殊限制；寿命、可靠性等。

设计内容：确定齿轮传动的主要参数、几何尺寸、结构和精度等，并绘制齿轮工作图。

齿轮传动设计步骤如下。

（1）确定齿轮的材料和热处理方法。确定出大小齿轮的硬度值和许用应力。

（2）按疲劳强度条件确定基本参数。

（3）确定齿数。确定小齿轮齿数时，应满足 $z_1 \geq 17$，一般取 $z_1 = 20 \sim 40$。

（4）模数。在满足弯曲强度的条件下取较小的模数。

（5）齿宽系数。齿宽系数 $\psi_d = \dfrac{b}{d_1}$，一般取 $\psi_d = 0.2 \sim 1.4$。

（6）根据设计准则校核齿面接触疲劳强度或齿根弯曲疲劳强度。

（7）计算齿轮的几何尺寸。

（8）确定齿轮的结构尺寸。

（9）确定齿轮精度并绘制齿轮工作图。

6.6.5　齿轮结构设计

齿轮的结构设计主要包括合理选择齿轮的结构型式，依据经验公式确定齿轮的轮毂、轮辐、轮缘等各部分的尺寸及绘制齿轮的零件工作图等。下面介绍常见的齿轮结构型式。

1．齿轮轴

当圆柱齿轮的齿根圆至键槽底部的距离 $x \leqslant 2 \sim 2.5m$，或当圆锥齿轮小端的的齿根圆至键槽底部的距离 $x \leqslant 2 \sim 2.5m$ 时，应将齿轮与轴制成一体，称为齿轮轴。如图 6-26 所示。

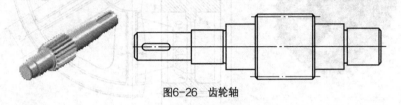

图6-26　齿轮轴

2．实体式齿轮

当齿轮的齿顶圆直径 $d_a \leqslant 200mm$ 时，可采用实体式结构（见图 6-27）。这种结构型式的齿轮常用锻钢制造。

3．腹板式齿轮

当齿轮的齿顶圆 $d_a = 200 \sim 500mm$ 时，可采用腹板式结构（见图 6-28）。这种结构的齿轮一般多用锻钢制造。

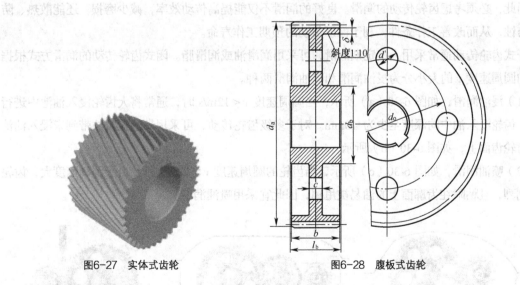

图6-27　实体式齿轮　　　　　图6-28　腹板式齿轮

4．轮辐式齿轮

当齿轮的齿顶直径 $d_a > 500mm$ 时，可采用轮辐式结构（见图 6-29）。这种结构的齿轮常采用铸钢或铸铁制造。

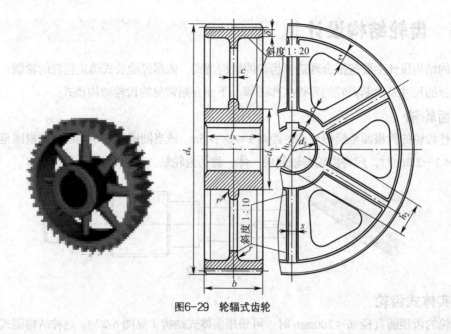

图6-29　轮辐式齿轮

6.6.6　齿轮传动的润滑和维护

1. 润滑

齿轮传动时，由于啮合齿面间发生摩擦和磨损，因而会造成动力消耗、发热、降低齿轮使用寿命。因此，必须考虑齿轮传动的润滑。良好的润滑不仅能提高传动效率，减少磨损，还能散热、防锈、防蚀，从而改善工作条件，利于保证传动的预期工作寿命。

开式齿轮传动通常采用人工定期润滑，可采用润滑油或润滑脂。闭式齿轮传动的润滑方式根据齿轮的圆周速度 v 的大小分为浸油润滑和喷油润滑两种。

（1）浸油润滑，如图 6-30（a）所示，当圆周速度 $v < 12\text{m/s}$ 时，通常将大齿轮浸入油池中进行润滑。齿轮浸入油中的深度至少为 10mm。对于多级齿轮传动，可采用带油轮将油带到未浸入油池内的齿轮齿面上，如图 6-30（b）所示。

（2）喷油润滑，如图 6-30（c）所示，当齿轮的圆周速度 $v > 12\text{m/s}$ 时，由于圆周速度大，齿轮搅油剧烈，且粘附在齿廓面上的油易被甩掉，因此宜采用喷油润滑。

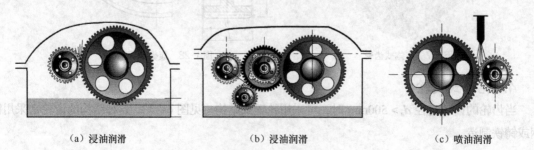

| （a）浸油润滑 | （b）浸油润滑 | （c）喷油润滑 |

图6-30　齿轮传动的润滑方式

选择润滑油时，先根据齿轮的工作条件以及圆周速度查得运动黏度值（见表6-9），再根据选定的黏度查机械设计手册确定润滑油的牌号。

表 6-9　　　　　　　　　　　　齿轮传动润滑油黏度荐用值

齿轮材料	强度极限 σ_b/MPa	圆周速度 v/（m·s⁻¹）						
		< 0.5	0.5～1	1～2.5	2.5～5	5～12.5	12.5～25	> 25
		运动黏度 v/cSt（40°C）						
塑料、铸铁、青铜	—	350	220	150	100	80	55	—
钢	450～1 000	500	350	220	150	100	80	55
	1 000～1 250	500	500	350	220	150	100	80
渗碳或表面淬火的钢	1 250～1 580	900	500	500	350	220	150	100

2. 维护

（1）使用齿轮传动时，在启动、加载及换挡的过程中应力求平稳，避免产生冲击载荷，以防引起断齿等故障。

（2）经常检查润滑系统的状况（如润滑油的油面高度等）。油面过低则润滑不良，油面过高会增加搅油功率的损失。对于压力喷油润滑系统还需检查油压状况，油压过低会造成供油不足，油压过高则可能是因为油路不畅通所致，需及时调整油压，还应按照使用规则定期更换或补充规定牌号的润滑油。

（3）注意检查齿轮传动的工作状况，如有无不正常的声音或箱体过热现象。润滑不良和装配不合要求是齿轮失效的重要原因。声响监测和定期检查是发现齿轮损伤的主要方法。

6.6.7　齿轮传动设计应用实例

【例】　设计一减速器中的一对齿轮传动。已知：功率 $P = 5$kW，小齿轮转速 $n_1 = 960$r/min，齿数比 $u = 4.8$，电机驱动，单向运转，载荷平稳。

【解】：

1. 选择齿轮材料、热处理方式及精度等级

该齿轮传动无特殊要求，所设计的齿轮可选用便于制造且价格便宜的材料。查表 6-4，大、小齿轮均选用 45 钢，小齿轮调质处理，硬度为 217～255HBS；大齿轮正火处理，硬度为 162～217HBS。齿轮选用 8 级精度。

2. 按齿面接触疲劳强度设计

由设计计算公式（6.23）进行计算，即

$$d_1 \geqslant \sqrt[3]{\frac{KT_1(u \pm 1)}{\psi_d u}\left(\frac{3.52Z_E}{[\sigma_H]}\right)^2}$$

（1）计算公式中的各项数值。

小齿轮传递的转矩

$$T_1 = 9.55 \times 10^6 \frac{P}{n_1} = 9.55 \times 10^6 \frac{5}{960} = 49\ 740 \quad \text{N} \cdot \text{mm};$$

查表 6-5，取 $K = 1.2$，取宽度系数 $\psi_d = 0.8$；查表 6-7 得 $Z_E = 189.8$；查机械手册，查得 $[\sigma_{H_1}] = 520\text{MPa}$，$[\sigma_{H_2}] = 470\text{MPa}$。

（2）计算小齿轮分度圆直径。

将查得的数值代入 d_1 的式子中，得 $d_1 = 56.7\ \text{mm}$。

选择小齿轮齿数 $z_1 = 24$。

则大齿轮齿数：

$$z_2 = uz_1 = 4.8 \times 24 \approx 115$$

计算模数：

$$m = \frac{d_1}{z_1} = \frac{56.7}{24} = 2.36$$

取模数为标准值：

$$m = 2.5\text{mm}。$$

（3）计算主要尺寸。

分度圆直径：

$$d_1 = mz_1 = 2.5 \times 40 = 60\ \text{mm}$$

$$d_2 = mz_2 = 2.5 \times 115 = 287.5\ \text{mm}$$

中心距：

$$a = \frac{d_1 + d_2}{2} = 173.75\ \text{mm}$$

齿轮宽度：

$$b = \psi_d d_1 = 0.8 \times 60 = 48\ \text{mm}$$

圆整该数值，取 $b_2 = 50\text{mm}$，$b_1 = 55\text{mm}$。

3. 校核齿根弯曲疲劳强度

校核公式为

$$\sigma_F = \frac{2KT_1}{bm^2 z_1} Y_F Y_S \leqslant [\sigma_F]$$

查表 6-8 得 $Y_{F1} = 2.68$，$Y_{F2} = 2.18$；$Y_{S1} = 1.59$，$Y_{S2} = 1.80$。

根据齿轮材料和齿面硬度，查机械手册得：$[\sigma_{F_1}] = 301\ \text{MPa}$，$[\sigma_{F_2}] = 280\ \text{MPa}$。

齿根弯曲校核合格。

4. 齿轮结构设计及绘制齿轮零件工作图（略）

标准斜齿圆柱齿轮传动

标准斜齿圆柱齿轮传动和直齿圆柱齿轮传动不同。顺着轴线的方向看，二者无区别，从垂直于轴的方向看，直齿轮齿与其轴线平行，斜齿轮齿与其轴线不平行。所以，它们最根本的区别是齿形的变化。

6.7.1 斜齿圆柱齿轮的形成及啮合特点

1. 齿廓的形成

如图 6-31（a）所示，当发生面沿基圆柱作纯滚动时，发生面上与基圆柱母线 NN' 平行的任一直线 KK' 的轨迹，即为渐开线曲面。

斜齿圆柱齿轮齿廓的形成原理与直齿圆柱齿轮相似，不同的是发生面上的直线 KK' 与基圆柱母线 NN' 成一夹角 β_b，如图 6-31（b）所示。当发生面沿基圆柱作纯滚动时，斜直线 KK' 的轨迹为螺旋渐开曲面，即斜齿轮的齿廓，它与基圆柱的交线 AA' 是一条螺旋线，夹角 β_b 称为基圆柱上的螺旋角。齿廓曲面与齿轮端面的交线仍为渐开线。

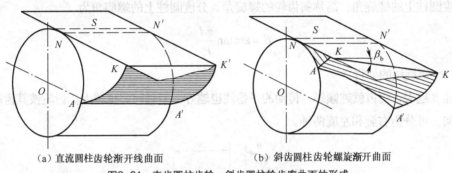

（a）直流圆柱齿轮渐开线曲面　　　（b）斜齿圆柱齿轮螺旋渐开曲面

图6-31　直齿圆柱齿轮、斜齿圆柱轮齿廓曲面的形成

2. 啮合特点

由齿廓曲面的形成可知，直齿圆柱齿轮啮合时，轮齿接触线是一条平行于轴线的直线，并沿齿面移动，如图 6-32（a）所示。所以在传动过程中，两轮齿将沿着整个齿宽同时进入啮合或同时退出啮合，因而轮齿上所受载荷也是突然加上或突然卸下，传动平稳性差，易产生冲击和噪声。

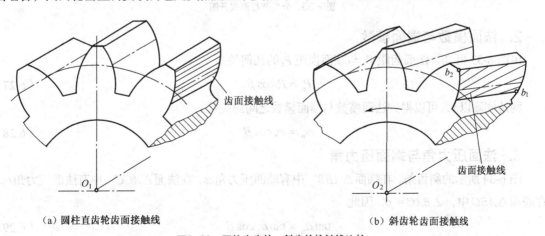

齿面接触线

齿面接触线

（a）圆柱直齿轮齿面接触线　　　　　（b）斜齿轮齿面接触线

图6-32　圆柱直齿轮、斜齿轮接触线比较

斜齿圆柱齿轮啮合时，其瞬时接触线是斜直线，且长度变化，如图 6-32（b）所示。一对轮齿从开始啮合起，接触线的长度从零逐渐增大，然后又由长变短，直至脱离啮合。因此，轮齿上的载荷也是逐渐由小到大，再由大到小，所以传动平稳，冲击和噪声较小。此外，一对轮齿从进入到退出，总接触线较长，重合度大，故承载能力高。

6.7.2　斜齿圆柱齿轮的参数及几何尺寸计算

斜齿轮的轮齿为螺旋形，在垂直于齿轮轴线的端面（下标以 t 表示）和垂直于齿廓螺旋面的法面（下标以 n 表示）上有不同的参数。斜齿轮的端面是标准的渐开线，但从斜齿轮的加工和受力角度看，斜齿轮的法面参数应为标准值。

1. 螺旋角 β

图 6-33 所示为斜齿轮分度圆柱面展开图，螺旋线展开成一直线，该直线与轴线的夹角 β 称为斜齿轮在分度圆柱上的螺旋角，简称斜齿轮的螺旋角。分度圆柱上的螺旋角为

$$\beta = \arctan \frac{\pi d}{P_z} \tag{6.26}$$

式中，P_z——螺旋线的导程。

螺旋角 β 越大，轮齿就越倾斜，传动的平稳性也越好，但轴向力也越大。齿轮按其齿廓渐开螺旋面的旋向，可分为右旋和左旋两种。

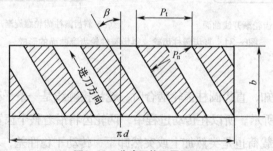

图6-33　分度圆柱面展开图

2. 法面模数与端面模数

由图 6-33 可知，法面齿距 P_n 与端面齿距 P_t 的几何关系

$$P_n = P_t \cos \beta \tag{6.27}$$

两边同除以π，可以得到法面模数与端面模数之间的关系

$$m_n = m_t \cos \beta \tag{6.28}$$

3. 法面压力角与端面压力角

图 6-34 所示的斜齿条，在端面△ABB' 中有端面压力角 α_t，在法面△ACC' 中有法面压力角 α_n。在底面△ABC 中，$\angle BAC = \beta$，因此

$$\tan \alpha_n = \tan \alpha_t \cos \beta \tag{6.29}$$

无论从法向或从端面来看，轮齿的齿顶高都是相同的，顶隙也是相同的，即

$$h_{at}^* = h_{an}^* \cos\beta \\ c_t^* = c_n^* \cos\beta \tag{6.30}$$

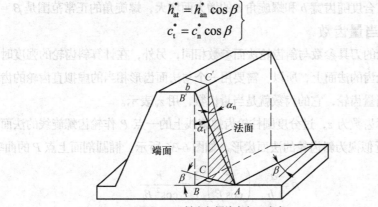

图6-34　斜齿条螺旋角与压力角

4. 斜齿轮的几何尺寸计算

标准斜齿轮的几何尺寸计算，具体计算公式见表6-10。

表 6-10　　　　　　　　　　标准斜齿圆柱齿轮的几何计算公式

名称	符号	公式
分度圆直径	d	$d = mz = m_n / \cos\beta$
基圆直径	d_b	$d_b = d\cos\alpha_t$
齿顶高	h_a	$h_a = h_{an}^* m_n = m_n$
齿根高	h_f	$h_f = (h_{an}^* + c_n^*)m_n = 1.25m_n$
全齿高	h	$h = h_a + h_f = 2.25m_n$
齿顶圆直径	d_a	$d_a = d + 2h_a$
中心距	a	$a = (d_1 + d_2)/2 = \dfrac{m_n}{2\cos\beta}(z_1 + z_2)$

5. 正确啮合条件

从端面上看，一对斜齿轮的啮合相当于一对直齿轮的啮合，所以一对外啮合的斜齿圆柱齿轮传动的正确啮合条件是，两个斜齿轮的法面模数和法面压力角分别相等，而且两个斜齿轮的螺旋角大小相等，旋向相反，即斜齿轮传动的正确啮合条件为

$$m_{n_1} = m_{n_2} = m \ , \quad \alpha_{n_1} = \alpha_{n_2} = \alpha \ , \quad \beta_1 = -\beta_2 \tag{6.31}$$

6. 重合度

图 6-35 所示为斜齿圆柱齿轮传动的重合度图，由于螺旋齿面的原因，斜齿轮传动时的重合度从进入啮合点 A 到退出啮合点 A'，比直齿轮传动的 B 至 B' 要长出 f。分析表明，斜齿圆柱齿轮传动的重合度可表达为

$$\varepsilon = \varepsilon_\alpha + \varepsilon_\beta \tag{6.32}$$

式中，ε_α——端面重合度，其大小与直齿圆柱齿轮传动相同；

ε_β——纵向重合度。

斜齿轮传动的重合度随齿宽 b 和螺旋角 β 的增大而增大，螺旋角的正常范围是 $\beta = 8° \sim 20°$。

7. 斜齿轮的当量齿数

由于加工斜齿轮的刀具参数与斜齿轮法面参数相同，另外，在计算斜齿轮的强度时，斜齿轮副的作用力是作用在轮齿的法面上，所以，需要用一个与法面齿形相当的虚拟直齿轮的齿形来近似，该虚拟直齿轮称为当量齿轮，它的齿数就是当量齿数，用 z_v 表示。

设斜齿轮的实际齿数为 z，过分度圆柱轮齿螺旋线上的一点 P 作轮齿螺旋线的法面，将该剖面上 P 点附近的齿形近似视为斜齿轮的法面齿形，如图 6-36 所示。椭圆剖面上点 P 的曲率半径为

$$\rho = \frac{a^2}{b} = \left(\frac{r}{\cos\beta}\right)^2 \frac{1}{r} = \frac{r}{\cos^2\beta_t} \tag{6.33}$$

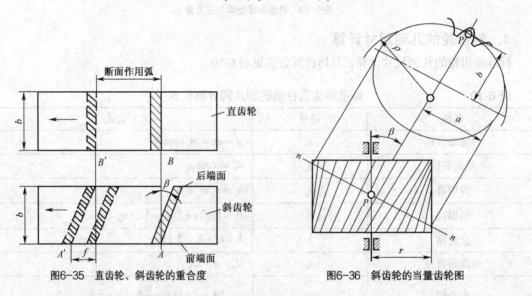

图6-35 直齿轮、斜齿轮的重合度   图6-36 斜齿轮的当量齿轮图

将 ρ 作为虚拟直齿轮的分度圆半径，设虚拟直齿轮的模数和压力角分别等于斜齿轮的法面模数和法面压力角，则当量齿轮的分度圆半径可以表示为 $\rho = m_n z_v / 2$。经整理后得到斜齿轮的当量齿数为

$$z_v = \frac{z}{\cos^3\beta} \tag{6.34}$$

6.7.3 斜齿圆柱齿轮的工作能力分析

1. 轮齿上的作用力

根据图 6-37 所示斜齿轮轮齿受力情况可知，法向力 F_n（忽略摩擦力）可分解为圆周力 F_t、径向力 F_r 和轴向力 F_a，其数值的计算公式

圆周力 $\qquad\qquad\qquad\qquad\qquad F_t = 2T_1 / d_1 \tag{6.35}$

径向力 $\qquad\qquad\qquad\qquad\qquad F_r = F_t \tan\alpha_n / \cos\beta \tag{6.36}$

轴向力 $\qquad\qquad\qquad\qquad\qquad F_a = F_t \tan\beta \tag{6.37}$

各分力的方向如下：

（1）圆周力 F_t 的方向在主动轮上与运动方向相反，在从动轮上与运动方向相同。

（2）径向力 F_r 的方向对两轮都是指向各自的轮心。

（3）轴向力 F_a 的方向需根据螺旋线方向和轮齿工作面而定，用右（左）手螺旋定则判断。

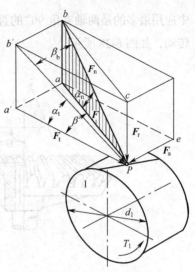

2. 强度计算

强度计算是利用斜齿轮的当量齿轮直接套用直齿圆柱齿轮的强度计算公式进行的。

一对钢制标准斜齿轮传动的齿根弯曲强度条件为

$$\sigma_F = \frac{1.6KT_1Y_FY_S}{bm_nd_1} = \frac{1.6KT_1Y_FY_S\cos\beta}{bm_n^2z_1} \leqslant [\sigma_F] \quad \text{MPa} \quad (6.38)$$

引入齿宽系数 $\psi_d = b/d$，可得轮齿弯曲强度的设计公式为

图6-37 斜齿轮轮齿受力分析

$$m_n \geqslant \sqrt[3]{\frac{3.2KT_1Y_FY_S\cos^2\beta}{\psi_d(u\pm1)z_1^2[\sigma_F]}} \quad \text{mm} \quad (6.39)$$

上述两式中，K 为载荷系数；m_n 为法向模数，应圆整为标准值；Y_F 为齿形系数；β 为螺旋角，通常 $\beta = 8° \sim 20°$，人字齿轮可取 $\beta = 27° \sim 45°$。

斜齿轮的齿面接触强度的验算公式为

$$\sigma_H = 305\sqrt{\frac{(u\pm1)^3KT_1}{ubd^2}} \leqslant [\sigma_H] \quad \text{MPa} \quad (6.40)$$

引入齿宽系数 $\psi_d = b/d$，可得齿面接触强度的设计公式

$$d \geqslant (u\pm1)\sqrt[3]{\left(\frac{305}{[\sigma_H]}\right)^2\frac{KT_1}{\psi_d u}} \quad \text{mm} \quad (6.41)$$

标准直齿圆锥齿轮传动

6.8.1 直齿圆锥齿轮齿廓曲面的形成及特点

1. 直齿圆锥齿轮的特点

圆锥齿轮传动用于传递两相交轴之间的运动和动力，两轴之间的夹角可以是任意的。机械传动

中应用最多的是两轴夹角 90° 的直齿圆锥齿轮传动。轮齿分直齿和曲齿，本节只讨论直齿圆锥齿轮传动，如图 6-38 所示。

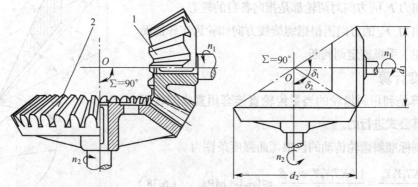

图6-38　圆锥齿轮

与圆柱齿轮相比，直齿锥齿轮的制造精度较低，工作时振动和噪声都较大，适用于低速轻载传动；曲齿锥齿轮传动平稳，承载能力强，常用于高速重载传动，但其设计和制造比较复杂。

2. 直齿圆锥齿轮的形成

如图 6-39 所示，圆平面 S 为发生面，圆心 O 与基圆锥顶相重合，当它绕基圆锥作纯滚动时，该平面上任一点 B 在空间展出一条球面渐开线。而直线 OB 上各点展出的无数条球面渐开线形成的球面渐开曲面，即直齿圆锥齿轮的齿廓曲面。

直齿锥齿轮的齿廓曲线为空间的球面渐开线，由于球面无法展开为平面，给设计计算及制造带来不便，所以采用近似方法。

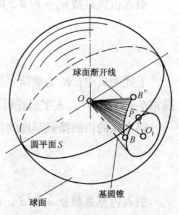

图6-39　圆锥齿轮齿廓曲面的形成

6.8.2　圆锥齿轮的基本参数和几何尺寸计算

圆锥齿轮的齿形由大端向小端逐渐收缩。为计算和测量方便，规定大端参数为标准值。

一对直齿圆锥齿轮传动的正确啮合条件是：两锥齿轮的大端模数和压力角分别相等且等于标准值，此外，两轮的锥距还必须相等。即

$$m_1 = m_2 = m，\quad \alpha_1 = \alpha_2 = \alpha，\quad \delta_1 + \delta_2 = \Sigma$$

式中，m 和 α 是大端上的模数和压力角（$\alpha = 20°$）。其中 $\delta_1 + \delta_2 = \Sigma$ 是保证圆锥齿轮副纯滚动的两个节圆锥顶重合，且齿面成线接触的条件。

标准直齿圆锥齿轮的各部分名称（见图 6-40）及几何尺寸计算公式，见表 6-11。

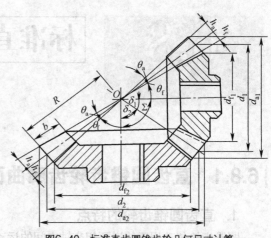

图6-40　标准直齿圆锥齿轮几何尺寸计算

表 6-11　标准直齿圆锥齿轮的几何尺寸计算公式（$c^* = 0.2$）

名称	符号	计算公式
传动比	i_{12}	$i_{12} = \tan\delta_2 = c\tan\delta_1$
分度圆锥角	δ_1、δ_2	$\delta_1 = 90° - \delta_2$，$\delta_2 = \arctan \dfrac{z_2}{z_1}$
齿顶高	h_a	$h_a = m$
齿根高	h_f	$h_f = 1.2m$
全齿高	h	$h = 2.2m$
齿顶圆直径	d_a	$d_a = d + 2m\cos\delta$
齿根圆直径	d_f	$d_f = d - 2.4m\cos\delta$
锥　距	R	$R = \dfrac{m}{2}\sqrt{z_1^2 + z_2^2}$
齿顶角	θ_a	$\theta_a = \arctan\left(\dfrac{h_a}{R}\right)$
齿根角	θ_f	$\theta_f = \arctan\left(\dfrac{h_f}{R}\right)$
顶锥角	δ_a	$\delta_a = \delta + \theta_a$
根锥角	δ_f	$\delta_f = \delta - \theta_f$

6.9　蜗杆传动

6.9.1　蜗杆传动的特点及类型

如图 6-41 所示，蜗杆传动是由蜗杆和蜗轮组成的，用于传递交错轴之间的回转运动和动力，通常两轴交错角为 90°。传动中一般蜗杆是主动件，蜗轮是从动件。

1. 蜗杆传动的特点

（1）传动比大，结构紧凑。从传动比公式可以看出，当 $z_1 = 1$，即蜗杆为单头时，蜗杆转一圈，蜗轮才转过一个齿，因而可得到比较大的传动比。一般在动力传动中，取传动比 $i = 10 \sim 80$；在分度机构中，传动比 i 可达 1 000。所以蜗杆传动结构紧凑，体积小，重量轻。

（2）传动平稳，无噪音。因为蜗杆齿是连续不间断的螺旋齿，它与蜗轮齿啮合时是连续不断的，蜗杆齿没有进入和退出啮合的过程，因此工作平稳，冲击、震动、噪音小。

（3）具有自锁性。蜗杆的螺旋升角很小时，蜗杆只能带动蜗轮传动。

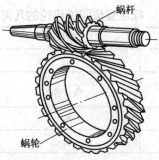

图6-41　蜗杆传动

（4）蜗杆传动效率低，一般效率只有 0.7~0.9。

（5）发热量大，齿面容易磨损，成本高。

2. 蜗杆传动的类型

按形状的不同，蜗杆可分为：圆柱蜗杆（见图 6-42）和环面蜗杆（见图 6-43）。

图6-42　圆柱蜗杆　　　　　　　图6-43　环面蜗杆

普通圆柱蜗杆用直线切削刃在车床上加工，按刀具安装位置不同，切出的蜗杆又可分为阿基米德蜗杆（Z_A）、渐开线蜗杆（Z_I）和法向直廓蜗杆等。普通圆柱蜗杆传动中应用最广的是阿基米德蜗杆（见图 6-44），它的蜗杆在包含其轴线的平面内的齿形就是一个标准齿条，在垂直于其轴线的平面内的齿形是一条阿基米德螺旋线。阿基米德蜗杆的螺旋面在车床上加工，车刀刀刃平面通过蜗杆轴线，车刀切削刃夹角 $2\alpha = 40°$。

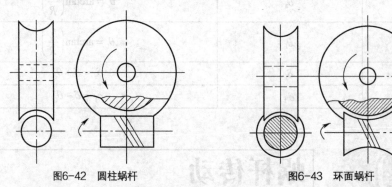

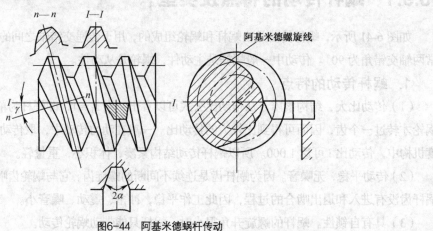

图6-44　阿基米德蜗杆传动

6.9.2 普通圆柱蜗杆传动的基本参数与几何尺寸计算

如图 6-45 所示，普通圆柱蜗杆传动的基本参数如下。

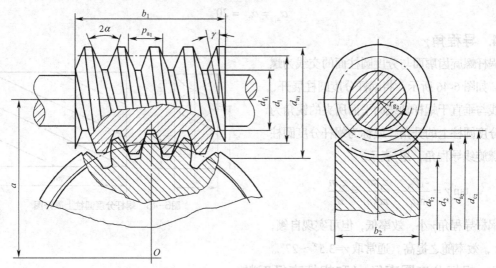

图6-45 蜗杆传动的基本参数

1. 蜗杆的头数 z_1 和蜗轮齿数 z_2

蜗杆轴向剖面和梯形螺纹相似。蜗杆的齿数称为头数，用 z_1 表示。蜗杆的头数相当于蜗杆上的螺旋线的线数，常用的为单线或双线，即蜗杆转一圈，蜗轮只转过一个齿或两个齿。蜗杆头数的选择与传动比、传动效率及制造的难易程度等因素有关，头数越多，其传动效率越高，但加工越困难，因此，通常取 $z_1 = 1$、2、4 或 6。

蜗杆的齿数用 z_2 表示。z_2 不宜太少，以避免加工时发生根切，z_2 应不少于 26。但齿数太多，蜗轮的直径就会过大，相应的蜗杆就越长，造成蜗杆的刚度差。所以，蜗轮齿数一般取 $z_2 = 27 \sim 80$。

2. 蜗轮蜗杆的传动比 i

设蜗杆的转速为 n_1，蜗轮的转速为 n_2，其传动比 i 为

$$i = \frac{n_1}{n_2} = \frac{\omega_1}{\omega_2} = \frac{z_1}{z_2}$$

式中，ω_1——蜗杆的角速度；

ω_2——蜗轮的角速度。

传动比的推荐值可参见表 6-12。

表 6-12   蜗轮蜗杆传动比 i

5	7.5	10	12.5	15	20	25
30	40	50	60	70	80	—

3. 模数 m 和压力角 α

蜗杆传动也是以模数作为主要计算参数的。由于在中间平面内，蜗杆传动相当于齿轮与齿条

的啮合传动，所以蜗杆与蜗轮啮合时，蜗杆的轴面模数、压力角应与蜗轮的端面模数、压力角相等，即

$$m_{a_1} = m_{t_2} = m$$

$$\alpha_{a_1} = \alpha_{t_2} = 20°$$

4. 导程角 γ

蜗杆螺旋齿廓面与分度圆柱面的交线为螺旋线。如图 6-46 所示，将蜗杆分度圆柱展开，螺旋线与垂直于蜗杆轴线的平面所夹的锐角为蜗杆分度圆柱上的升角，或称为蜗杆分度圆柱上的螺旋线导程角，用 γ 表示。

$$\tan\gamma = \frac{z_1 p_{x_1}}{\pi d_1} = \frac{z_1 \pi m}{\pi d_1 m} = \frac{z_1 m}{d_1}$$

蜗杆导程角 γ 小，效率低，但可实现自锁；γ 增大，效率随之提高。通常取 γ=3.5°~27°。

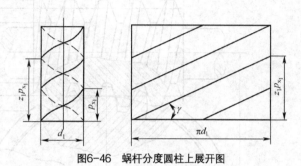

图6-46 蜗杆分度圆柱上展开图

5. 蜗杆分度圆直径 d_1 和蜗杆直径系数 q

由于蜗轮是用与蜗杆尺寸相同的蜗轮滚刀配对加工而成的，为了限制滚刀的数目，国家标准对每一标准模数规定了一定数目的标准蜗杆分度圆直径 d_1。

直径 d_1 与模数 m 的比值称为蜗杆的直径系数。

$$q = \frac{d_1}{m} \tag{6.42}$$

当模数 m 一定时，q 值增大则蜗杆直径 d_1 增大，蜗杆的刚度提高。

普通圆柱蜗杆传动的主要几何尺寸计算公式见表 6-13。

表 6-13 普通圆柱蜗杆传动的几何尺寸计算公式

名称	符号	蜗杆	蜗轮
齿顶高	h_a	$h_a^* m$	
齿根高	h_f	$h_f = (h_a^* + c^*)m$	
全齿高	h	$h = h_a + h_f = (2h_a^* + c^*)$	
分度圆直径	d	查机械设计手册选取	$d_2 = mz_2$
齿顶圆直径	d_a	$d_{a_1} = d_1 + 2h_a$	$d_{a_2} = d_2 + 2h_a$
齿根圆直径	d_f	$d_{f_1} = d_1 - 2h_f$	$d_{f_2} = d_2 - 2h_f$
蜗杆导程角	γ	$\gamma = \arctan(mz_1 / d_1)$	
蜗轮螺旋角	β		$\beta = \gamma$
中心距	a	$a = (d_1 + d_2)/2$	

6.9.3 蜗杆传动的失效形式、材料和结构

1. 蜗杆传动的受力分析

蜗杆传动的受力分析与斜齿圆柱齿轮的受力分析相似，齿面上的法向力 F_n 分解为三个互相垂直的分力：圆周力 F_t、轴向力 F_a、径向力 F_r，如图 6-47 所示。

蜗杆受力方向：轴向力 F_{a_1} 的方向由左、右手定则确定，图 6-47 所示为右旋蜗杆，则用右手握住蜗杆，四指所指方向为蜗杆转向，拇指所指方向为轴向力 F_{a_1} 的方向；圆周力 F_{t_1}，与主动蜗杆转向相反；径向力 F_{r_1}，指向蜗杆中心。

蜗轮受力方向：因为 F_{a_1} 与 F_{t_2}、F_{t_1} 与 F_{a_2}、F_{r_1} 与 F_{r_2} 是作用力与反作用力关系，所以蜗轮上的三个分力方向，如图 6-47 所示。F_{a_1} 的反作用力 F_{t_2} 是驱使蜗轮转动的力，所以通过蜗轮蜗杆的受力分析也可以判断它们的转向。

径向力 F_{r_2} 指向轮心，圆周力 F_{t_2} 驱动蜗轮转动，轴向力 F_{a_2} 与轮轴平行。

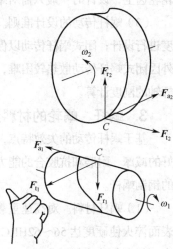

图6-47 蜗杆传动的受力分析

力的大小可按下式计算

$$\left.\begin{aligned} F_{t_1} &= F_{a_2} = \frac{2T_1}{d_1} \\ F_{a_1} &= F_{t_2} = \frac{2T_2}{d_2} \\ F_{r_1} &= F_{r_2} = F_{t_2} \tan\alpha \\ T_2 &= T_1 i\eta \end{aligned}\right\} \qquad (6.43)$$

式中，T_1——蜗杆传递的转矩，N·mm；

　　　　T_2——蜗轮传递的转矩，N·mm；

　　　　η——蜗杆传动的效率；

　　　　d_1、d_2——蜗杆、蜗轮分度圆直径；

　　　　α——中间平面分度圆上压力角，$\alpha = 20°$；i 为传动比。

2. 蜗杆传动的失效形式和设计准则

（1）蜗杆传动齿面间的滑动速度 v_s。在蜗杆传动中，蜗杆与蜗轮的啮合齿面间会产生很大的齿向相对滑动速度 v_s，如图 6-48 所示。

$$v_s = \frac{v_1}{\cos\gamma} = \frac{\pi d_1 n_1}{60 \times 1\,000 \cos\gamma}$$

式中，v_1——蜗杆分度圆的圆周速度，单位为，m/s；

　　　　n_1——蜗杆的转速，单位为，r/min。

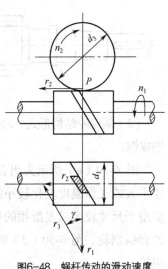

图6-48 蜗杆传动的滑动速度

（2）蜗杆传动的主要失效形式。蜗杆传动的失效形式与齿轮传动基本相同，主要有轮齿的点蚀、弯曲折断、磨损及胶合失效等。由于该传动啮合齿面间的相对滑动速度大，效率低，发热量大，故更易发生磨损和胶合失效。而蜗轮无论在材料的强度或结构方面均较蜗杆弱，所以失效多发生在蜗轮轮齿上，设计时一般只需对蜗轮进行承载能力计算。

（3）蜗杆传动的设计准则。蜗杆传动的设计准则为：开式蜗杆传动以保证蜗轮齿根弯曲疲劳强度进行设计；闭式蜗杆传动以保证蜗轮齿面接触疲劳强度进行设计，并校核齿根弯曲疲劳强度。此外因闭式蜗杆传动散热较困难，故需进行热平衡计算；当蜗杆轴细长且支承跨距大时，还应进行蜗杆轴的刚度计算。

3. 蜗杆、蜗轮的材料选择

基于蜗杆传动的失效特点，选择蜗杆和蜗轮材料组合时，不但要求有足够的强度，而且要有良好的减摩、耐磨和抗胶合的能力。实践表明，较理想的蜗杆副材料是：青铜蜗轮齿圈匹配淬硬磨削的钢制蜗杆。

（1）蜗杆材料。对高速重载的传动，蜗杆常用低碳合金钢（如 20Cr、20CrMnTi）经渗碳后，表面淬火使硬度达 $56\sim62HRC$，再经磨削。对中速中载传动，蜗杆常用 45 钢、40Cr、35SiMn 等，表面经高频淬火使硬度达 $45\sim55HRC$，再磨削。对一般蜗杆可采用 45、40 等碳钢调质处理（硬度为 $210\sim230HBS$）。

（2）蜗轮材料。常用的蜗轮材料为铸造锡青铜（ZCuSn10P1、ZCuSn6Zn6Pb3）、铸造铝铁青铜（ZCuAl10Fe3）及灰铸铁 HT150、HT200 等。锡青铜的抗胶合、减摩及耐磨性能最好，但价格较高，常用于 $v_s\geqslant3m/s$ 的重要传动；铝铁青铜具有足够的强度，并耐冲击，价格便宜，但抗胶合及耐磨性能不如锡青铜，一般用于 $v_s\leqslant6m/s$ 的传动；灰铸铁用于 $v_s\leqslant2m/s$ 的不重要场合。

4. 蜗杆、蜗轮的结构

（1）蜗杆的结构形式。蜗杆通常与轴为一体，采用车制或铣制，结构分别如图 6-49 所示。

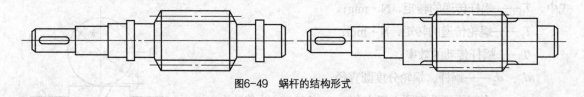

图6-49　蜗杆的结构形式

（2）蜗轮的结构形式。蜗轮的结构如图 6-50 所示，一般为组合式结构，齿圈用青铜，轮芯用铸铁或钢。

图 6-50（a）所示为组合式过盈连接，这种结构常由青铜齿圈与铸铁轮芯组成，多用于尺寸不大或工作温度变化较小的地方。图 6-50（b）所示为组合式螺栓连接，这种结构装拆方便，多用于尺寸较大或易磨损的场合。图 6-50（c）所示为整体式，主要用于铸铁蜗轮或尺寸很小的青铜蜗轮。图 6-50（d）所示为拼铸式，将青铜齿圈浇铸在铸铁轮芯上，常用于成批生产的蜗轮。

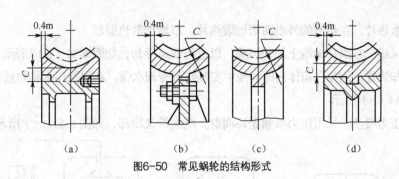

图6-50 常见蜗轮的结构形式

6.9.4 蜗杆传动的效率、润滑和散热

1. 蜗杆传动的效率

在闭式蜗杆传动中，功率损失一般包括三个部分：轮齿啮合的摩擦损失、轴承的摩擦损失和箱体内零件的搅油损失。

在蜗杆传动的效率初步计算时，一般可根据蜗杆的头数 z_1 近似从表6-14中的数值中选取蜗杆传动的总效率。

表6-14 蜗杆传动的总效率

传动形式	蜗杆头数 z_1	总效率 η
闭式	1	0.70～0.75
	2	0.75～0.82
	4	0.82～0.92
开式	1、2	0.60～0.70

2. 蜗杆传动的润滑

润滑对于蜗杆传动来说，具有特别重要的意义。由于摩擦产生的热量大，因此要求工作时有良好的润滑条件，以提高蜗杆传动的效率，防止胶合及减少磨损。

蜗杆传动的润滑包括润滑方式和润滑油黏度两个方面，主要根据相对滑动速度和载荷的类型来进行选择。

蜗杆传动一般采用油润滑。对于闭式蜗杆传动来说，润滑方式有油池润滑和喷油润滑两种。当滑动速度 v_s 低于5m/s时，采用油池润滑；当滑动速度 v_s 为5～10m/s之间时，采用油池润滑或喷油润滑；当滑动速度 v_s 高于10m/s时，采用喷油润滑。对于开式蜗杆蜗轮传动，则采用黏度较高的齿轮油或润滑脂进行润滑。

3. 蜗杆传动的散热

由于蜗杆传动的效率较低，在工作时常产生大量的热量，对于闭式的蜗杆传动来说，如果不及时散热，会使工作温度不断升高，这将使润滑油的黏度降低，造成润滑失效，加剧轮齿磨损，甚至出现胶合而导致传动失效。因此对于连续工作的闭式蜗杆传动，需要考虑它的散热问题。

工程上常用的散热措施有以下几种。

（1）增加散热片。在箱体的外表面增加散热片，以增加散热面积。

（2）加装风扇。在蜗杆轴端上加装风扇，以进行吹风冷却，如图 6-51（a）所示。

（3）加冷却装置。例如在箱体内的油池中安装蛇形冷却水管，利用循环水将热量带走，以进行冷却，如图 6-51（b）所示。

（4）采用压力喷油。采用压力喷油循环润滑，既润滑又冷却，如图 6-51（c）所示。

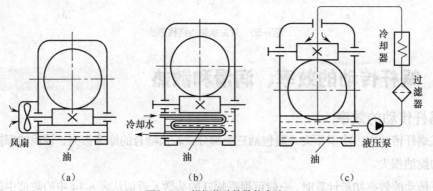

图6-51　蜗杆传动的散热方法

1. 齿轮传动最基本条件之一是其瞬时角速度比保持恒定。齿廓啮合基本定律：不论两齿廓在任何位置接触，过接触点所作的两齿轮公法线都必须与两轮连心线交于一定点（节点）P。

2. 渐开线的特性。

（1）发生线沿基圆滚过的长度，等于基圆上被滚过的一段弧长。

（2）渐开线上任一点的法线必与其基圆相切。

（3）渐开线离基圆越远，其曲率半径越大。

（4）渐开线的形状取决于基圆大小。

（5）基圆内无渐开线。

3. 渐开线直齿圆柱齿轮的基本参数有：齿数 z、模数 m、压力角 α、齿顶高系数 h_a^*、顶隙系数 c^* 等；斜齿圆柱齿轮的基本参数：螺旋角 β、法面模数与端面模数、法面压力角与端面压力角；普通圆柱蜗杆传动的基本参数：蜗杆的头数 z_1、蜗轮齿数 z_2 和传动比 i，模数 m 和压力角 α，导程角 γ，蜗杆分度圆直径 d_1 和蜗杆直径系数 q。

4. 直齿圆柱齿轮的正确啮合条件是：两轮的模数和压力角分别相等；斜齿轮传动的正确啮合条件是两个斜齿轮的法面模数和法面压力角分别相等，而且两个斜齿圆柱齿轮的螺旋角大小相等，旋向相反；直齿圆锥齿轮传动的正确啮合条件是两锥齿轮的大端模数和压力角分别相等且等于标准值，两轮的锥距相等；蜗杆传动的正确啮合条件是蜗杆的端面模数、压力角应与蜗轮的端面模数、压力角相等。

5. 渐开线直齿圆柱齿轮的齿廓加工按其原理可分成仿形法和范成法两种。

6. 变位齿轮加制分为加工零变位、正变位及负变位齿轮 3 种情况。

7. 渐开线直齿圆柱齿轮的主要失效形式有轮齿折断、齿面点蚀、齿面胶合、齿面磨损及齿面塑性变形等。

8. 蜗杆传动是由蜗杆和蜗轮组成的。按形状的不同，蜗杆可分为圆柱蜗杆和环面蜗杆。

1. 要使一对齿轮的瞬时传动比保持不变，其齿廓应满足什么条件？

2. 一对渐开线齿轮的正确啮合条件是什么？

3. 什么是标准中心距？在什么情况下节圆和分度圆重合？

4. 齿轮的失效形式有哪些？采取什么措施可减缓失效发生？

5. 对齿轮材料的基本要求是什么？常用齿轮材料有哪些？如何保证对齿轮材料的基本要求？

6. 已知一对外啮合正常齿制标准直齿圆柱齿轮 $m = 3mm$，$z_1 = 19$，$z_2 = 41$，试计算这对齿轮的分度圆直径、齿顶高、齿根高、径向间隙、中心距、齿顶圆直径、齿根圆直径、齿距、齿厚和齿槽宽。

7. 已知一对外啮合标准直齿圆柱齿轮的标准中心距 $a = 160mm$，齿数 $z_1 = 20$，$z_2 = 60$，求模数和分度圆直径。

8. 已知一正常齿制标准直齿圆柱齿轮的齿数 $z = 25$，齿顶圆直径 $d_a = 135mm$，求该齿轮的模数。

9. 齿轮传动有哪些润滑方式？如何选择润滑方式？

10. 齿轮的结构形式有哪些？齿轮轴适合于什么情况？

11. 斜齿轮的强度计算和直齿轮的强度计算有何区别？

12. 已知一对正常齿渐开线标准斜齿圆柱齿轮的 $a = 250mm$，$z_1 = 23$，$z_2 = 98$，法向模数 $m_n = 4mm$，试计算其螺旋角、端面模数、端面压力角、当量齿数、分度圆直径、齿顶圆直径和齿根圆直径。

13. 已知一对外啮合正常齿制斜齿圆柱齿轮的 $z_1 = 27$，$z_2 = 60$，$m_n = 3mm$，螺旋角 $\beta = 15°$，试求两轮的分度圆直径、齿顶圆直径和标准中心距。

14. 已知一对渐开线标准直齿圆锥齿轮的 $\Sigma = 90°$，$z_1 = 17$，$z_2 = 43$，$m = 3mm$，试求分度圆锥角、分度圆直径、齿顶圆直径、齿根圆直径、锥距、齿顶角、齿根角、顶锥角、根锥角。

15. 已知开式直齿圆柱齿轮传动，$i = 3.5$，$P = 3$ kW，$n_1 = 50$ r/min，用电动机驱动，单向传动，载荷均匀，$z_1 = 21$，小齿轮为 45 钢调质，大齿轮为 45 钢正火，试计算此单级传动的强度。

16. 试比较正常齿制渐开线标准直齿圆柱齿轮的基圆和齿根圆，在什么条件下基圆大于齿根圆？什么条件下基圆小于齿根圆？

17. 蜗杆传动的特点及使用条件是什么？

18. 已知 $m = 4mm$，蜗杆分度圆直径 $d_1 = 48mm$，蜗杆头数 $z_1 = 2$，传动比 $i = 3$。试计算蜗杆传动的主要几何尺寸。

Chapter

7

第7章

| 轮系 |

【学习目标】

1. 了解轮系的应用。
2. 熟练掌握定轴轮系、周转轮系传动比的计算。
3. 掌握轮系中各个齿轮传动方向的确定方法。
4. 熟悉混合轮系传动比的计算。

概述

7.1.1 轮系及其应用

1. 轮系

在实际机械中，为了满足不同的工作需要，往往采用一系列相互啮合的齿轮才能达到要求。这种由两个以上相互啮合的齿轮所组成的传动系统称为齿轮系，简称轮系。

2. 轮系的应用

轮系的应用十分广泛，可归纳为以下几个方面。

（1）实现相距较远的两轴之间的传动。当两轴间距较远时，如果仅用一对齿轮传动，则两轮的尺寸必然很大，从而使机构总体尺寸也很大，结构不合理；如果采用一系列齿轮传动，就可避免上述缺点。如汽车发电机曲柄的转动要通过一系列的减速传动才能使运动传递到车轮上，如果只用一对齿轮传动是无法满足要求的。

（2）获得大的传动比。采用定轴轮系或周转轮系均可获得大的传动比，尤其是周转轮系能在构件数量较少的情况下获得大的传动比。

（3）实现换向传动。在主轴转向不变的条件下，利用轮系中的惰轮，可以改变从动轮的转向。

（4）实现变速传动。在主动轴转速不变的条件下，利用轮系可使从动件获得多种工作转速。一般机床、起重机的设备上也都需要这种变速传动。

（5）实现特殊的工艺性和轨迹。在周转轮系中，行星轮作平面运动，其上某些点的运动轨迹很特殊。利用这个特点，可以实现要求的工艺动作及特殊的运动轨迹。

（6）实现运动的合成。利用周转轮系中差动轮系的特点，可以将两个输入转动合成为一个输出转动。

（7）实现运动的分解。差动轮系不仅可以将两个输入转动合成为一个输出转动，而且还可以将一个输入转动分解为两个输出转动。如汽车后桥上的差速器，就是利用运动分解的实例。

7.1.2　轮系的类型

轮系的类型比较多。在轮系运转时，根据轮系中各个齿轮的几何轴线的位置是否变动，轮系可分为 3 类：定轴轮系、周转轮系和混合轮系。

如图 7-1 所示轮系，在轮系运转时，每个齿轮的几何轴线的位置相对于机架都是固定不变的，这种轮系称为定轴轮系。

如图 7-2 所示的轮系，在轮系运转时，齿轮 1 和齿轮 3 的几何轴线的位置固定不变，而双联齿轮 2-2'的几何轴线的位置却在发生变化，它绕着齿轮 1 和齿轮 3 的固定几何轴线转动。这种至少有一个齿轮的几何轴线绕着其他齿轮的固定轴线转动的轮系，称为周转轮系。

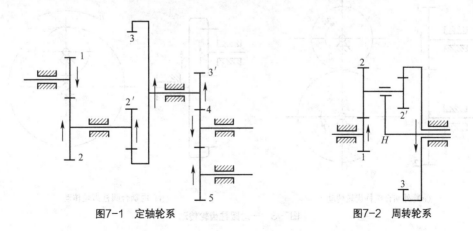

图7-1　定轴轮系　　　　　图7-2　周转轮系

将定轴轮系和周转轮系组合在一起，或者将若干个单一的周转轮系组合一起，这种轮系称为混合轮系。

7.2 定轴轮系传动比的计算

轮系中（两轴的）转速或角速度之比，称为轮系的传动比。求轮系的传动比不仅要计算它的数值，而且还要确定两轮的转向关系。

7.2.1 一对齿轮的传动比

最简单的定轴轮系是由一对齿轮所组成的，其传动比为

$$i_{12} = \frac{n_1}{n_2} = \pm \frac{z_2}{z_1} \tag{7.1}$$

式中，n_1、n_2——两轮的转速；

z_2、z_1——两轮的齿数。

对于外啮合圆柱齿轮传动，两轮转向相反，上式取"–"号；对内啮合圆柱齿轮传动，两轮转向相同，上式取"+"号。

两轮的相对转向关系，也可用画箭头的方法表示。外啮合箭头相反，内啮合箭头相同，如图7-3所示。

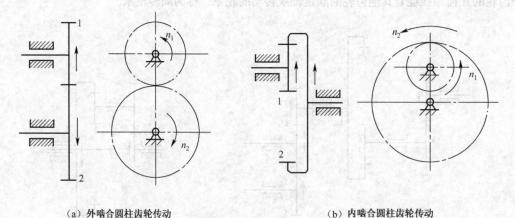

（a）外啮合圆柱齿轮传动　　　　　　　　　（b）内啮合圆柱齿轮传动

图7-3　一对圆柱齿轮传动

7.2.2 定轴轮系传动比的计算

图7-4所示为定轴轮系示意图。设各轮的齿数为 z_1、z_2、…，各轮的转速为 n_1、n_2、…，则该轮系的传动比 i_{15} 可由各对啮合齿轮的传动比求出。

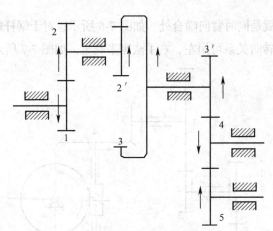

图7-4 平面定轴轮系示意图

根据前面所述，该轮系中各对啮合齿轮的传动比分别为

$$i_{12} = \frac{n_1}{n_2} = -\frac{z_2}{z_1} \qquad\qquad i_{2'3} = \frac{n_{2'}}{n_3} = +\frac{z_3}{z_{2'}}$$

$$i_{3'4} = \frac{n_{3'}}{n_4} = -\frac{z_4}{z_{3'}} \qquad\qquad i_{45} = \frac{n_4}{n_5} = -\frac{z_5}{z_4}$$

将以上各等式两边连乘，并考虑到 $n_2 = n_{2'}$，$n_3 = n_{3'}$，可得

$$i_{12} \cdot i_{2'3} \cdot i_{3'4} \cdot i_{45} = \frac{n_1 n_{2'} n_{3'} n_4}{n_2 n_3 n_4 n_5} = (-1)^3 \frac{z_2 z_3 z_4 z_5}{z_1 z_{2'} z_{3'} z_4}$$

$$i_{15} = \frac{n_1}{n_5} = i_{12} \cdot i_{2'3} \cdot i_{3'4} \cdot i_{45} = (-1)^3 \frac{z_2 z_3 z_5}{z_1 z_{2'} z_{3'}} \qquad (7.2)$$

上式表明，定轴轮系传动比的大小等于组成该轮系的各对啮合齿轮传动比的连乘积，也等于各对啮合齿轮中所有从动轮齿数的乘积与所有主动轮齿数乘积之比。

以上结论可推广到一般情况。设轮 A 为计算时的起始主动轮，轮 K 为计算时的最末从动轮，则定轴轮系始末两轮传动比计算的一般公式为

$$i_{AK} = \frac{n_A}{n_K} = (-1)^m \frac{\text{所有从动轮齿数的连乘积}}{\text{所有主动轮齿数的连乘积}} \qquad (7.3)$$

式中，m——轮系中外啮合齿轮的对数。

此外，在该齿轮系中齿轮 4 同时与齿轮 3′ 和末齿轮 5 啮合，其齿数可在上述计算式中消去，即齿轮 4 不影响齿轮系传动比的大小，只起到改变转向的作用，这种齿轮称为惰轮。

对于平面定轴轮系，始、末两轮的相对转向关系可以用传动比的正负表示。i_{AK} 为负时，说明始、末两轮的转动方向相反；i_{AK} 为正时，说明始、末两轮的转动方向相同；正负号根据外啮合齿轮的对数确定；奇数为负，偶数为正。也可用画箭头的方法来表示始、末两轮的转向关系。

空间定轴轮系中包含有圆锥齿轮传动或蜗杆蜗轮传动，如图 7-5 所示。对于空间定轴轮系，其传动比的大小仍可用公式（7.3）来计算，但其转向不能用 $(-1)^m$ 来求得，一般采用箭头的方法确定。画箭头的方法是依据下述原理进行的：对于两个相互啮合的锥齿轮，标志两轮转向的箭头不是同时

指向它们的相互啮合处，就是同时背向啮合处，如图 7-6 所示；对于蜗杆蜗轮传动，蜗杆、蜗轮的轴线在空间垂直交错，其转向关系可用左、右手法则来确定，如图 7-7 所示。

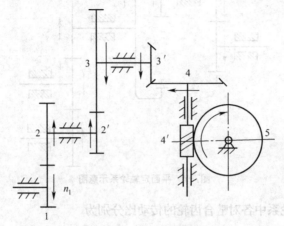

图7-5　空间定轴轮系

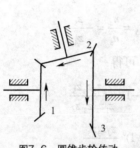

图7-6　圆锥齿轮传动

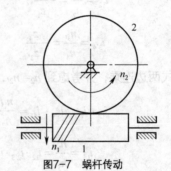

图7-7　蜗杆传动

【例 7-1】 在图 7-8 所示的齿轮系中，已知 $z_1 = z_2 = z_{3'} = z_4 = 20$，齿轮 1、3、3′和 5 同轴线，各齿轮均为标准齿轮。若已知轮 1 的转速为 $n_1 = 1\,440 \text{r/min}$，求轮 5 的转速。

【解】：由图知该齿轮系为一平面定轴齿轮系，齿轮 2 和 4 为惰轮，齿轮系中有两对外啮合齿轮，由式（7.3）得：

$$i_{15} = \frac{n_1}{n_5} = (-1)^2 \frac{z_3 z_5}{z_1 z_{3'}}$$

因齿轮 1、2、3 的模数相等，故它们之间的中心距关系为：

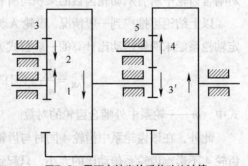

图7-8　平面定轴齿轮系传动比计算

$$\frac{m}{2}(z_1 + z_2) = \frac{m}{2}(z_3 - z_2)$$

此式中 m 为齿轮的模数。由上式可得：

$$z_3 = z_1 + 2z_2 = 20 + 2 \times 20 = 60$$

同理可得：

$$z_5 = z_{3'} + 2z_4 = 20 + 2 \times 20 = 60$$

所以

$$n_5 = n_1 (-1)^2 \frac{z_1 z_{3'}}{z_3 z_5} = 1440 \times \frac{20 \times 20}{60 \times 60} = 160 \text{ r/min}$$

n_5 为正值，说明齿轮 5 与齿轮 1 转向相同。

【例 7-2】在图 7-5 所示轮系中，已知各个齿轮的齿数分别为 $z_1 = 15$，$z_2 = 25$，$z_{2'} = 15$，$z_3 = 20$，$z_{3'} = 15$，$z_4 = 30$，$z_{4'} = 2$（右旋），$z_5 = 60$，$n_1 = 1440 \text{ r/min}$，其转向如图 7-5 所示。求传动比 i_{13} 和 i_{15}。

【解】：根据已知的齿轮 1 的转动方向，从齿轮 1 开始，顺次标出各对啮合齿轮的转动方向，如图 7-5 所示。齿轮 1 与齿轮 3 的轴线平行，两个齿轮的转向相同。而齿轮 1 与蜗轮 5 的轴线在空间垂直交错，蜗轮的转向只能在图上用箭头标出来。

由式（7.3）得

$$i_{13} = \frac{n_1}{n_3} = (-1)^2 \frac{z_2 z_3}{z_1 z_{2'}} = \frac{25 \times 20}{15 \times 15} = 2.2$$

$$i_{15} = \frac{n_1}{n_5} = \frac{z_2 z_3 z_4 z_5}{z_1 z_{2'} z_{3'} z_{4'}} = \frac{25 \times 30 \times 30 \times 60}{15 \times 15 \times 15 \times 2} = 200$$

7.3 周转轮系速比的计算

定轴轮系中各齿轮的运动，都是作简单的绕定轴回转。而周转轮系至少有一个齿轮的轴线是不固定的，绕着另一个固定轴线回转，这个齿轮既作自转又作公转，故周转轮系各齿轮间的运动关系就和定轴轮系不同，速比的计算方法也不一样。为了计算周转轮系的速比，首先应弄清周转轮系的组成和运动特点。

7.3.1 周转轮系的组成

在图 7-9 所示的周转轮系中，太阳轮 1 和太阳轮 3 都绕固定轴线 $O—O$ 回转，这种绕固定轴回转的齿轮称为太阳轮。构件 H 带着齿轮 2 的轴线绕太阳轮的轴线回转，这种具有运动几何轴线的齿轮称为行星轮，而构件 H 称为系杆或转臂。

在周转轮系中，太阳轮和系杆的回转轴线都是固定的，称它们为周转轮系的基本构件。应当注意，基本构件的轴线必须是共线的，否则整个轮系将不能运动。

周转轮系又有行星轮系与差动轮系之分。太阳轮都能转动的周转轮系称为差动轮系（见图 7-9（a））；有一个太阳轮固定不动的周转轮系称为行星轮系（见图 7-9（b））。

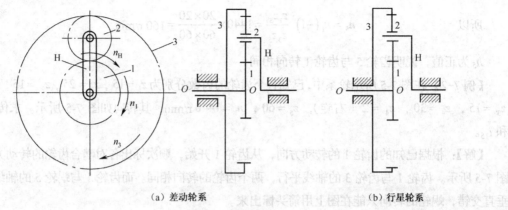

（a）差动轮系　　　　　　　　　　　　　　　　（b）行星轮系

图7-9　周转轮系

7.3.2　周转轮系速比的计算

以图 7-10 所示的周转轮系为例，设太阳轮、行星轮和系杆的转速分别为 n_1、n_3、n_2 和 n_H，转向均为逆时针方向。假定转动方向沿逆时针方向为正，顺时针方向为负。周转轮系中的行星轮作复杂运动是由系杆的回转运动造成的，如果系杆的转速 $n_H = 0$，此时，轮系即为定轴轮系。根据相对运动原理：假想给整个周转轮系加一个顺时针方向的转速，即加一个"$-n_H$"，则各构件之间的相对运动关系不变，而这时系杆就"静止不动"（$n_H - n_H = 0$），于是周转轮系便转化成为定轴轮系，如图 7-10（b）所示。这种经过一定条件的转化所得到的假想的定轴轮系，称为原周转轮系的转化机构。

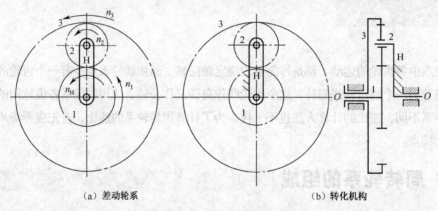

（a）差动轮系　　　　　　　　　　　　　（b）转化机构

图7-10　周转轮系的转化

当整个周转轮系附加上一个"$-n_H$"转速以后，各构件的转速变化见表 7-1。

表 7-1　　　　　　周转轮系附加上一个"$-n_H$"转速后，各构件的转速

构件代号	原转速	附加"$-n_H$"后的转速	构件代号	原转速	附加"$-n_H$"后的转速
1	n_1	$n_1^H = n_1 - n_H$	3	n_3	$n_3^H = n_3 - n_H$
2	n_2	$n_2^H = n_2 - n_H$	H	n_H	$n_H^H = n_H - n_H$

注：表中 n_1^H、n_2^H、n_3^H、n_H^H 表示转化机构中各构件的转速，可以看出，这里的 n_1^H、n_2^H、n_3^H 即各构件相对于系杆 H 的转速。

由于转化机构是一个定轴轮系，所以可用定轴轮系速比的计算方法，求得转化机构的速比 i_{13}^{H} 为

$$i_{13}^{H}=\frac{n_{1}^{H}}{n_{3}^{H}}=\frac{n_{1}-n_{H}}{n_{3}-n_{H}}=-\frac{z_{2}z_{3}}{z_{1}z_{2}}=-\frac{z_{3}}{z_{1}} \tag{7.4}$$

式中"–"号表示转化机构中齿轮 1 与齿轮 3 的转向相反，因为转化机构中外啮合齿轮的对数为奇数（$m=1$）。

式（7.47）虽表示转化机构的传动速比，但式中包含了周转轮系各基本构件的转速和各齿轮齿数之间的关系。不难理解，在各齿轮齿数已知的条件下，只要给出 n_{1}、n_{3} 和 n_{H} 中的任意两个，则另一个即可根据该式求出。于是原周转轮系的速比 i_{13}（或 i_{1H}、i_{3H}）也就可随之求出。

根据上述原理，不难求得周转轮系速比的一般计算公式。设以 1 和 K 代表周转轮系中的两个太阳轮，以 H 代表系杆，其中轮 1 为主动轮，则其转化机构的速比 i_{1K}^{H} 为

$$i_{1K}^{H}=\frac{n_{1}-n_{H}}{n_{K}-n_{H}}=(-1)^{m}\frac{\text{从齿轮1到齿轮K之间所有从动轮齿数的连乘积}}{\text{从齿轮1到齿轮K之间所有主动轮齿数的连乘积}} \tag{7.5}$$

式（7.5）即用来计算周转轮系速比的基本公式。式子 i_{1K}^{H} 是转化机构中轮 1 和 K 的速比，对于已知的周转轮系来说，i_{1K}^{H} 总是可以求出的。n_{1}、n_{K} 和 n_{H} 为周转轮系中各基本构件的转速。对于差动轮系来说，由于两个太阳轮及系杆都是运动的，故 n_{1}、n_{K} 和 n_{H} 3 个转速中必须有两个是已知的，才能求出第三个。对于行星轮系，由于一个太阳轮固定，其转速为零（即 n_{1} 或 n_{K} 为零），所以只要已知一个基本构件的转速就可求得另一个构件的转速。

周转轮系的速比计算举例如下。

【例 7-3】 在图 7-11 所示的周转轮系中，设已知 $z_{1}=99$，$z_{2}=100$，$z_{2'}=101$，$z_{3}=100$，齿轮 1 固定不动。试求系杆 H 与齿轮 3 之间的传动速比 i_{3H}。

【解】：根据式（7.5）可得

$$i_{13}^{H}=\frac{n_{1}-n_{H}}{n_{3}-n_{H}}=(-1)^{2}\frac{z_{2}z_{3}}{z_{1}z_{2'}}=\frac{100\times100}{99\times101}=\frac{10\,000}{9\,999}$$

而 $n_{1}=0$，故计算出

$$i_{H3}=\frac{n_{H}}{n_{3}}=10\,000$$

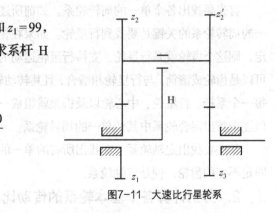

图7-11　大速比行星轮系

这就是说，当系杆 H 转 10 000 转时，齿轮 3 才转 1 转。此例说明周转轮系的结构虽然很简单，但可获得很大的传动速比。

7.4　混合轮系及其传动比

前面讨论的定轴轮系以及单一的周转轮系通常称为基本轮系。而在工程实际中，经常要用到混

合轮系。所谓混合轮系，指的是由若干个基本轮系通过不同的方式组合而成的传动系统。它既可以是定轴轮系和周转轮系的组合，如图 7-12（a）所示；也可以是若干个周转轮系的组合，如图 7-12（b）所示。

由于整个混合轮系不可能转化为一个定轴轮系，因此不能只用一个公式来计算混合轮系的传动比，而是要考虑到其组成特点，按照以下 3 个步骤进行。

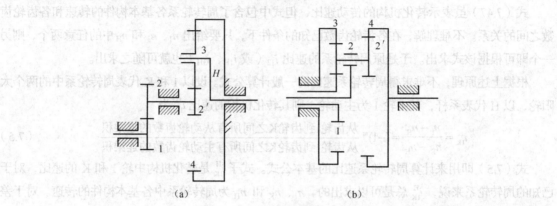

图7-12　混合轮系

1. 区分基本轮系

区分基本轮系就是要将混合轮系中所包含的定轴轮系和各个单一的周转轮系加以正确的区分。

首先要找出各个单一的周转轮系。如前所述，周转轮系的特点就是具有行星轮。因此，找出单一的周转轮系的关键是要找到行星轮。如果在轮系的转动过程中，某个齿轮的几何轴线的位置不固定，则这个齿轮就是行星轮。支持行星轮运动的构件就是系杆。系杆的形状不一定是简单的杆状，可以是齿轮或滚筒。与行星轮相啮合，且其转动轴线与系杆的转动轴线重合的定轴齿轮就是中心轮。每一个系杆、行星轮、中心轮以及机架就组成一个单一的周转轮系。以此类推，按照同样的方法可以逐个找出混合轮系中其他单一的周转轮系。

其次要找出定轴轮系。在找出所有的单一的周转轮系之后，剩下的一系列相互啮合且轴线位置固定不变的齿轮，便是定轴轮系。

2. 分别计算各个基本轮系的传动比

针对定轴轮系和每一个单一的周转轮系，分别列出其传动比的计算公式。

3. 联立求解

将传动比的计算公式联立求解，找出各个基本轮系之间的内在相互关系，即可得到所需要的传动比或某一个构件的转速。

【例 7-4】　在图 7-12（b）所示的轮系中，已知各个齿轮的齿数分别是 $z_1 = 48$，$z_2 = 27$，$z_{2'} = 45$，$z_3 = 102$，$z_4 = 120$，设输入转速 $n_1 = 3\,750$r/min。求齿轮 4 的转速 n_4 和传动比 i_{14}。

【解】：在该图示的轮系中，双联齿轮 2—2′ 是行星轮。齿轮 1、齿轮 3 和齿轮 4 是中心轮。对于每一个单一的周转轮系，机构中只有一个转动的系杆，而中心轮的数目不能超过两个。所以，该图示的轮系为两个单一的周转轮系组成的混合轮系。

（1）区分基本轮系。在混合轮系中，齿轮 1、齿轮 3 和双联齿轮 2-2'组成行星轮系；齿轮 1、齿轮 4 和双联齿轮 2—2'组成差动轮系。

（2）分别计算两个基本轮系的传动比。

在行星轮系中：

$$i_{13}^{H} = \frac{n_1^{H}}{n_3^{H}} = \frac{n_1 - n_H}{n_3 - n_H} = -\frac{z_2 z_3}{z_1 z_2} = -\frac{z_3}{z_1} = -\frac{102}{48} = -2.125$$

$$n_3 = 0$$

将数值代入，并进行计算，可求出系杆 H 的转速

$$n_H = 1\ 200\text{r/min}$$

在差动轮系中：

$$i_{14}^{H} = \frac{n_1^{H}}{n_4^{H}} = \frac{n_1 - n_H}{n_4 - n_H} = -\frac{z_2 z_4}{z_1 z_{2'}} = -\frac{27 \times 120}{48 \times 45} = -1.5$$

（3）求齿轮 4 的转速。将系杆 H 的转速 $n_H = 1\ 200$r/min 代入差动轮系的计算公式中，可求得齿轮 4 的转速 $n_4 = -500$r/min。将以上两个传动比的计算公式联立求解，即可得到所需要的传动比或某一个构件的转速。

（4）求传动比 i_{14}。

$$i_{14} = \frac{n_1}{n_4} = \frac{3\ 750}{-500} = -7.5$$

1. 本章介绍了轮系的分类和应用，通过学习要掌握定轴轮系、周转轮系以及混合轮系的传动比的计算方法和转向的确定方法。

2. 学习的重点是轮系的传动比计算和转向的判定。在运用反转法计算周转轮系的传动比时，应十分注意转化轮系传动比计算式中的转向正负号的确定。

3. 混合轮系传动比计算的要点是如何正确划分出各个基本轮系，划分的关键是先找出轮系中的周转轮系部分。

1. 定轴轮系与周转轮系的主要区别是什么？

2. 轮系的转向如何确定？$(-1)^m$ 方法适用于何种类型的齿轮系？

3. 什么是周转轮系的转化轮系？它在计算周转轮系的传动比中起什么作用？

4. 在图 7-13 所示的轮系中，各轮齿数为 $z_1 = 20$，$z_2 = 40$，$z_{2'} = 20$，$z_3 = 30$，$z_{3'} = 20$，$z_4 = 40$。

（1）计算轮系的传动比 i_{14}。

（2）若要改变传动比 i_{14} 的符号，可采取什么措施？

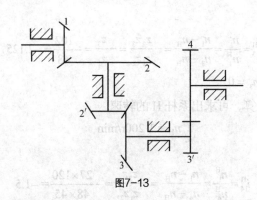

图7-13

5. 在图 7-14 所示的圆锥齿轮组成的行星轮系中，已知各轮齿数 $z_1 = 20$，$z_2 = 30$，$z_{2'} = 50$，$z_3 = 80$，轮 1 的转速 $n_1 = 50 \text{r/min}$，试求 n_H 的大小和方向。

6. 在图 7-15 所示的轮系中，已知 $z_1 = z_{2'} = 25$，$z_2 = z_3 = 20$，$z_H = 100$，$z_4 = 20$，求传动比 i_{14}。

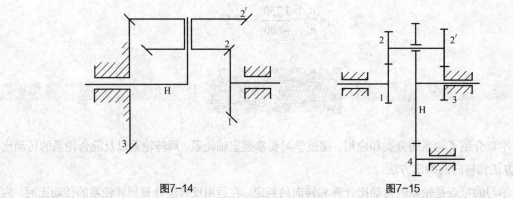

图7-14　　　　　　　　　　　　图7-15

第三篇

|常用机械零件|

　　任何机器的主体都是它的机械系统，机械系统总是由一些机构组成的，而机构又是由许多零件组成的。所以，机械零件是机器的基本组成要素，是机器中独立的制造单元。

　　通常把机械零件分为两大类，一类是在各种机器中都经常使用的零件，叫做通用零件，如螺母、螺栓、轴承等；一类是仅适用于特定类型机器中的零件，叫做专用零件，如曲轴、船舶用的螺旋桨、机床刀具等。

　　本篇主要介绍轴系中常用轴、轴承、联轴器、离合器和制动器等机械零件及常用的螺纹连接、键连接、销连接等连接方式，研究它们的结构特点、工作原理、材料选择以及在生产中的实际应用等。

Chapter 8

第8章

| 支承零、部件 |

【学习目标】

1. 熟悉轴的功用、分类及常用材料。
2. 熟悉轴的结构分析方法。
3. 了解轴的结构设计特点。
4. 熟悉轴的工作能力计算。
5. 熟悉滚动轴承的常用类型及代号。
6. 了解滑动轴承的的构造。

传动零件必须借助其他零、部件的支持才能传递运动和动力。这种起支持作用的零、部件称为支承零、部件。

支承零、部件主要有轴和轴承。

 **8.1** 轴

|8.1.1 轴的功用与分类|

1. 轴的功用

轴是组成机器的重要零件之一。轴的主要功用是支承旋转零件（如齿轮、蜗轮等），并传递运动和动力。

2. 轴的分类

按轴承受载荷的不同，可将轴分为转轴、心轴和传动轴3种。

心轴工作时仅承受弯矩而不传递转矩，如自行车前轮轴，如图8-1所示。

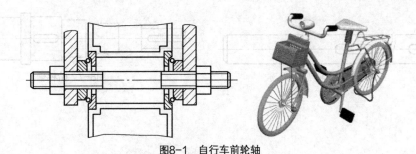

图8-1 自行车前轮轴

转轴工作时既承受弯矩又承受转矩，如减速器中的轴，如图8-2所示。

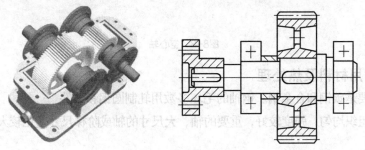

图8-2 减速器中的轴

传动轴则只传递转矩而不承受弯矩，图8-3所示为汽车中连接变速箱与后桥之间的轴。

根据轴线形状的不同，轴又可分为直轴、曲轴（见图8-4）和挠性钢丝轴（见图8-5）。曲轴和挠性钢丝轴属于专用零件。直轴按外形不同又可分为光轴（见图 8-6）和阶梯轴（见图8-7）。光轴形状简单，应力集中少，易加工，但轴上零件不易装配和定位，常用于心轴和传动轴。阶梯轴各轴段截面的直径不同，这种设计使各轴段的强度相近，而且便于轴上零件的装拆和固定，因此阶梯轴在机器中的应用最为广泛。直轴一般都制成实心轴，但为了减少重量或为了满足有些机器结构上的需要，也可以采用空心轴（见图8-8）。

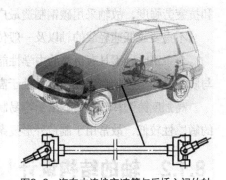

图8-3 汽车中连接变速箱与后桥之间的轴

图8-4 曲轴

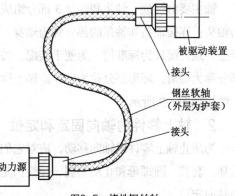

被驱动装置

接头

钢丝软轴
（外层为护套）

接头

动力源

图8-5 挠性钢丝轴

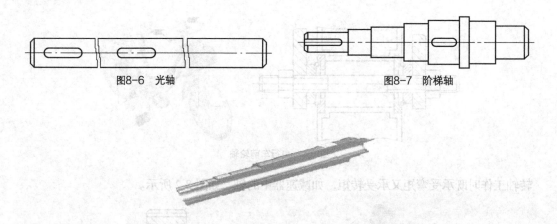

图8-6　光轴　　　　　　　　　　　　　　图8-7　阶梯轴

图8-8　空心轴

3. 轴的常用材料及热处理

轴的材料主要是碳钢和合金钢。钢轴的毛坯多数用轧制圆钢和锻件。

锻件的内部组织均匀，强度较好，重要的轴、大尺寸的轴或阶梯尺寸变化较大的轴，应采用锻制毛坯。

对直径较小的轴，可直接用圆钢加工。

由于碳钢比合金钢价廉，对应力集中的敏感性较低，同时也可以用热处理的办法提高其耐磨性和抗疲劳强度，故轴采用碳钢制造最广泛，其中最常用的是45号钢。

不重要或低速轻载的轴以及一般传动的轴也可以使用Q235、Q275等普通碳钢制造。

合金钢比碳钢具有更高的力学性能和更好的淬火性能。因此，在传递大动力，并要求减小尺寸与质量，提高轴的耐磨性，以及处于高温条件下工作的轴，常采用合金钢。

高强度铸铁和球墨铸铁由于容易制成复杂的形状，而且价廉，吸振性和耐磨性好，对应力集中的敏感性较低，故常用于制造外形复杂的轴。

8.1.2　轴的结构设计

1. 轴的组成

轴主要由轴颈、轴头和轴身3部分组成。轴和轴承配合部分称为轴颈；轴上安装轮毂的部分称为轴头；连接轴头和轴颈的部分称为轴身。轴颈直径与轴承内径、轴头直径与相配合零件的轮毂内径应一致，而且为标准值。为便于装配，轴颈和轴头的端部均应有倒角。用作零件轴向固定的台阶部分称为轴肩，环形部分称为轴环。轴上螺纹或花键部分的直径应符合螺纹或花键的标准。阶梯轴的结构如图8-9所示。

2. 轴上零件的轴向固定和定位

为防止轴上零件沿轴向移动，应对它们进行轴向固定和定位。常用的轴向固定零件有：轴肩和轴环、套筒、圆螺母和止动垫圈、弹性挡圈和紧定螺钉、轴端挡圈。此外轴承端盖常用来作整个轴的轴向定位。

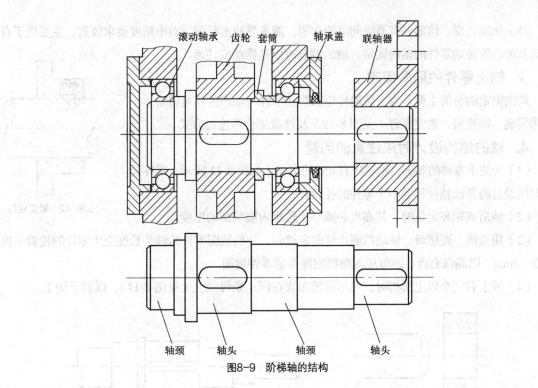

图8-9 阶梯轴的结构

（1）轴肩和轴环：特点是简单可靠，不需附加零件，能承受较大的轴向力，但会使轴径增大，阶梯处形成应力集中，阶梯过多不利于加工。为使零件与轴肩贴合，轴上圆角 r 应较轴上零件孔端的圆角半径 R 或倒角 C 稍小。

（2）套筒：当轴上零件的位置已固定而零件间的距离又较小时，可采用套筒。套筒简单可靠，能简化轴的结构设计且不削弱轴的强度，但会使机器重量增加，且由于套筒与轴的配合较松，因此不宜用于高速运转的轴。

（3）圆螺母：当套筒过长或无法采用套筒，而轴上又允许车制螺纹时，可采用圆螺母固定，如图 8-10 所示。圆螺母可承受较大的轴向力，但切制螺纹处有较大的应力集中，会降低轴的疲劳强度。

（4）弹性挡圈：特点是结构简单紧凑，常用于滚动轴承的轴向固定，但可承受的轴向力较小。此外，还要求切槽尺寸有一定的精度，否则可能出现与被固定件间存在间隙或弹性挡圈不能装入切槽的现象，如图 8-11 所示。

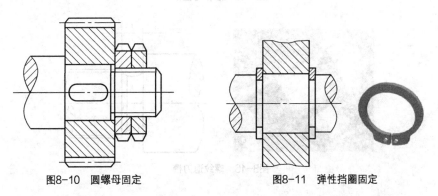

图8-10 圆螺母固定　　　　　　　　图8-11 弹性挡圈固定

（5）轴端挡圈：该零件有消除间隙的作用，能承受冲击载荷，对中精度要求较高，主要用于有振动和冲击的轴端零件的轴向固定。轴的端部可以是锥面或柱面。

3. 轴上零件的周向固定

周向固定的目的主要是为了传递转矩和防止零件与轴产生相对转动。一般采用键、销连接，紧定螺钉（见图 8-12）及过盈配合等连接方式。

4. 轴的结构设计时应注意的问题

（1）为便于零件的装拆，轴端应有 45°的倒角，如图 8-13 所示，零件装拆时所经过的各段轴径都要小于零件的孔径。

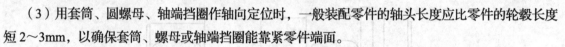

图8-12　紧定螺钉

（2）轴肩或轴环定位时，其高度必须小于轴承内圈端部的厚度。

（3）用套筒、圆螺母、轴端挡圈作轴向定位时，一般装配零件的轴头长度应比零件的轮毂长度短 2～3mm，以确保套筒、螺母或轴端挡圈能靠紧零件端面。

（4）轴上有两个以上键槽时，应尽可能布置在同一条母线上（见图 8-14），以利于加工。

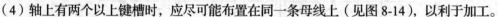

图8-13　轴端加工45°的倒角　　　　　图8-14　键槽设置在同一条母线上

（5）轴上磨削的轴段和车制螺纹的轴段，应分别留有砂轮越程槽（见图 8-15）和螺纹退刀槽（见图 8-16），且轴段的直径小于轴颈处的直径，以减少应力集中，提高疲劳强度。

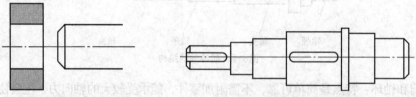

图8-15　砂轮越程槽

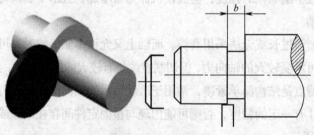

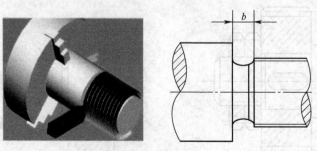

图8-16　螺纹退刀槽

（6）装配段不宜太长。

5. 减少应力集中的措施

（1）倒角和倒圆：零件截面突然发生变化的地方，都会产生应力集中现象，降低轴的强度，所以在两截面的变化处应采用圆角过渡。

（2）过渡结构：当轴肩尺寸不够，圆角半径达不到规定值而又要减小轴肩处的应力集中时，可采用间隔环、凹圆角或制成卸载槽的形式。

（3）过盈配合：当轴与轴上零件采用过盈配合时，轴上零件的轮毂边缘和轴过盈配合处将会引起应力集中。此时可减小轮毂边缘处的刚度，将配合处的轴径略微加大做成阶梯轴，或在配合处两端的轴上磨出卸载槽。

（4）改善受力情况。

（5）提高轴表面的机械性能，降低表面粗糙度，对提高轴的疲劳强度有重要意义。

8.1.3 轴的结构分析

1. 分析的内容及步骤

（1）分析轴的结构形状。对于阶梯轴而言，分析各个轴段、轴肩或轴环所起的作用。

（2）找出轴上的传动零件。找出轴上的传动零件，判断传动零件的功能，并分析其固定方式。

零件的固定方式分周向固定和轴向固定。轴向固定具有方向性，应根据机器的结构和工作条件来确定是否需要在两个方向上均对零件进行固定。

（3）找出轴的支承件。找出轴的支承件，并分析其固定方式。

（4）分析轴上零件的装拆顺序。轴的结构形式取决于轴上零件的装拆顺序。

（5）分析轴的结构工艺性。从加工工艺性和装配工艺性的角度出发，分析轴的结构细节，如圆角、倒角、砂轮越程槽、退刀槽等。

2. 实例分析

图 8-17（a）所示为带式输送机中圆柱齿轮减速器高速轴的简图。下面对该轴的结构进行分析。

（1）分析轴的结构形状。图 8-17 中的高速轴采用了阶梯轴的结构。轴段 1 和轴段 4 为轴头，轴段 3 和轴段 7 为轴颈，轴段 5 为轴环，轴段 2 为轴身。安装带轮的外伸轴头 1 处是最细的轴段，向中间安装齿轮的轴头 4 逐渐加粗。

在轴头 1 和轴身 2、轴段 6 和轴颈 7 之间分别构成定位轴肩，用于带轮和右侧轴承的轴向定位；轴环 5 和轴头 4 之间构成定位轴肩，用于齿轮的轴向定位。而轴身 2 和轴颈 3 之间构成非定位轴肩，以便于左侧轴承的装拆；轴颈 3 和轴头 4 之间也构成非定位轴肩，以便于装拆齿轮。

（2）找出轴上的传动零件。轴上有两个传动零件——齿轮和带轮。其中，齿轮与减速器低速轴上的齿轮进行啮合，构成齿轮传动，实现减速器内的一级减速传动。带轮用于与传动带构成摩擦式带传动，在减速器的外部实现减速传动。

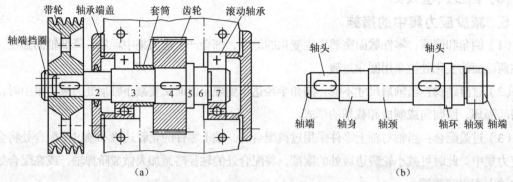

图8-17 圆柱齿轮减速器高速轴

齿轮位于减速器箱体内部的中央，依靠轴环和套筒实现轴向双向固定。当齿轮受到轴向力的作用时，向右是通过轴环5，由定位轴肩6—7顶在右侧轴承的内圈上，借助于轴承和轴承端盖实现轴向固定；向左则是通过套筒顶在左侧轴承的内圈上，同样是借助于轴承和轴承端盖实现轴向固定。这样，齿轮在轴上的轴向位置被完全确定。为了使齿轮与轴一起转动，以传递运动与动力，齿轮的周向固定是采用平键连接来实现的。

带轮安装在左侧的外伸轴头1上，依靠轴肩1—2和轴端挡圈进行轴向固定；带轮与轴头1通过平键连接来实现周向固定。

（3）找出轴的支承件。轴上有一对起支承作用的滚动轴承，对称布置在齿轮的两侧。轴承上的端盖通过螺钉与减速器的箱体连接在一起。左侧轴承依靠套筒和轴承端盖进行轴向定位，右侧轴承利用轴肩6—7和轴承端盖进行轴向定位；两个轴承的周向固定是通过轴承内圈与轴颈3、7的过盈配合来实现的。

（4）分析轴上零件的装拆顺序。轴上的零件除了传动零件和支承件以外，还有套筒和轴承端盖。在装拆的时候，是从轴的两侧进行的。

先将轴头上的键装入键槽内，然后将齿轮从轴的左侧套上，对准毂孔上的键槽推入直至顶在轴环5上，即完成了齿轮在轴上的装配；再依次装上套筒和轴承，至此，从轴的左侧的装配完成。从轴右侧的装配比较简单，只需将另一个轴承从轴的右侧装入即可。然后，将装配后的轴及轴上的零件一起放入减速器箱体的座孔中。从减速器箱体的两侧分别将轴承端盖装上，并用螺钉与减速器的箱体进行连接。最后，将带轮从轴的左侧装入，并用轴端挡圈实现带轮的固定。至此，完成了轴和轴上零件的装配。拆卸的顺序与此相反。

（5）分析轴的结构工艺性。在轴头1和4上分别加工有键槽，以实现齿轮和带轮的周向固定。为了便于加工，这两个键槽的位置位于轴的同一圆柱母线上。轴头1和4的长度分别小于带轮的宽度和齿轮的宽度，以实现带轮和齿轮可靠的轴向定位。

在轴的两个轴端上加工有倒角，以便于齿轮和带轮的装配。为了避免应力集中，在轴的各个轴段上，用圆角形成过渡，以提高轴的疲劳强度。

轴颈7需要进行磨削加工，以保证轴承内圈和轴颈7的配合。而轴肩6—7是轴承的定位轴肩，为实现可靠的定位，在轴颈 7 上加工出一个砂轮越程槽。

轴的工作能力计算

一般情况下，轴的工作能力取决于轴的强度。常用的强度验算方法有：按扭转强度条件验算传动轴的强度和估算转轴的最小直径；按抗弯扭合成强度条件验算转轴的强度；必要时，还要进行安全系数的验算。

8.2.1 按扭转强度条件计算

对于只承受扭矩或主要承受扭矩的传动轴，可按扭转强度条件计算。

对于既承受弯矩、又承受扭矩的转轴来说，在进行轴的结构设计之前，通常还不知道轴的支点位置以及轴上零件的位置。因此，无法确定轴的受力情况，也就不能进行强度计算。可在轴的结构设计时，又必须以强度计算为基准初步确定出轴端的直径，才能进行结构设计。由此可见，轴的强度计算和结构设计之间互为前提、互相依赖。在工程实际中，也常常会遇到类似的情况。解决这个问题的方法是在进行轴的结构设计前，先不考虑弯矩对轴的强度的影响，而只考虑扭矩的作用。一般先按纯扭矩对轴的直径进行初步估算，并作为轴的最小直径。

设轴在扭矩 T 的作用下，产生的切应力为 τ，对于圆截面的实心轴，根据其扭转强度条件可得

$$\tau = \frac{T}{W_{\mathrm{T}}} = \frac{9.55 \times 10^6 P}{0.2 d^3 n} \leqslant [\tau] \tag{8.1}$$

式中，τ——轴的扭转切应力，MPa；

$\quad\ \ T$——轴所传递的扭矩，N·mm；

$\quad\ \ W_{\mathrm{T}}$——轴的抗扭截面系数，mm³，$W_{\mathrm{T}} \approx 0.2 d^3$；

$\quad\ \ P$——轴所传递的功率，kW；

$\quad\ \ n$——轴的转速，r/min；

$\quad\ \ d$——轴的直径，mm；

$\quad\ \ [\tau]$——材料的许用扭转切应力，MPa。

根据式（8.1），可以得到按照扭转强度初估轴的最小直径的公式为

$$d \geqslant \sqrt[3]{\frac{9.55 \times 10^6 P}{0.2 n [\tau]}} = C \sqrt[3]{\frac{P}{n}} \tag{8.2}$$

式中，d——轴的最小直径，mm；

　　　C——计算系数。

　　许用切应力$[\tau]$和计算系数C的大小与轴的材料及所承受的载荷情况有关。当作用在轴上的弯矩比扭矩小，或轴只受扭矩时，$[\tau]$值取较大值，C值取较小值，否则相反。常用材料的$[\tau]$值、C值可查表8-1。

表 8-1　　　　　　　　　　　　　　　轴的常用材料及其主要机械性能

材料及热处理	毛坯直径/mm	硬度HBS	抗拉强度极限 σ_B /MPa	屈服强度极限 σ_s /MPa	许用弯曲应力 $[\sigma_{-1}]$ /MPa	许用剪切应力 $[\tau]$ /MPa	计算系数 C	应用说明
Q235	≤100		400～420	225	40	12～20	160～135	用于不重要及受载荷不大的轴
	>100～250		375～390	215				
35 正火	≤300	143～187	520	270	45	20～30	135～118	用于一般轴
45 正火	≤100	170～217	600	300	55	30～40	118～107	用于较重要的轴,应用最广泛
45 调质	≤200	217～255	650	360	55			
40Cr 调质	≤100	241～286	750	550	60	40～52	107～98	用于载荷较大，而无很大冲击的重要轴
40MnB 调质	≤200	241～286	750	500	70	40～52	107～98	性能接近于40Cr，用于重要的轴
35CrMo 调质	≤100	207～269	750	550	70	40～52	107～98	用于重载荷的轴
35SiMn 调质	≤100	229～286	800	520	70	40～52	107～98	可代替40Cr，用于中、小型轴
42SiMn 调质	≤100	229～286	800	520	70	40～52	107～98	与35SiMn 相同，但专供表面淬火用

　　注：1. 轴上所受弯矩较小或只受转矩时，C取较小值；否则取较大值。

　　　　2. 用Q235、35SiMn 时，取较大的C值。

　　按式（8.2）计算出最小直径d。如果轴段上开有键槽的话，还应考虑键槽对轴强度削弱的不利影响。一般情况下，开有一个键槽时，将d增大3%～5%；开有两个键槽时，将d增大7%～10%。最后需将轴的直径圆整为标准值。

8.2.2 按抗弯扭合成强度条件计算

在轴的结构设计完成后，要验算其强度，对于一般钢制的转轴，按第三强度理论得到的抗弯扭合成强度条件为

$$\sigma = \frac{M_e}{w} = \frac{\sqrt{M^2 + (\alpha T)^2}}{0.1d^3} \leqslant [\sigma_{-1}] \tag{8.3}$$

式中，σ——危险截面的当量应力，MPa；

M_e——危险截面的当量弯矩，N·mm；

M——合成弯矩，N·mm。$M = \sqrt{M_H^2 + M_V^2}$，M_H指水平平面弯矩，N·mm；

M_V——竖直平面弯矩，N·mm；

W——抗弯截面系数，mm³；

α——根据转矩性质而定的折合系数。稳定的转矩取 $\alpha = 0.3$，脉动循环变化的转矩取 $\alpha = 0.6$，对称循环变化的转矩取 $\alpha = 1$。若转矩变化的规律不清楚，一般也按脉动循环处理；

$[\sigma_{-1}]$——对称循环应力状态下材料的许用弯曲应力，MPa，见表 8-1。

式（8.3）可改写成下式计算轴的直径

$$d \geqslant \sqrt[3]{\frac{M_e}{0.1[\sigma_{-1}]}} \tag{8.4}$$

对于有键槽的危险截面，单键时应将轴径加大 5%，双键时加大 10%。

【例】 图 8-18 所示为二级斜齿圆柱齿轮减速器示意图，试设计减速器的输出轴。已知输出轴功率为 P =9.8KW，转速 n =260r/min，齿轮Ⅳ的分度圆直径 d_4 =238mm，所受作用力分别为圆周力 F_t =6 065N，径向力 F_r =2 260N，轴向力 F_a =1 315N。各齿轮的宽度均为80mm。齿轮、箱体、联轴器之间的距离如图 8-18 所示。

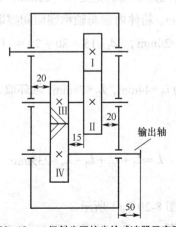

图8-18 二级斜齿圆柱齿轮减速器示意图

【解】：（1）选择轴材料。因无特殊要求，故选 45 钢，正火，查表 8-1 得 $[\sigma_{-1}]$ =55MPa，取

$C = 115$。

（2）估算轴的最小直径。

$$d \geqslant C\sqrt[3]{\frac{P}{n}} = 115 \times \sqrt[3]{\frac{9.8}{260}} = 38.56\text{mm}$$

因最小直径与联轴器配合，故有一键槽，可将轴径加大 5%，即 $d = 38.56 \times 105\% = 40.488\text{mm}$，选凸缘联轴器，取其标准内孔直径 $d = 42\text{mm}$。

（3）轴的结构设计。如图 8-19 所示，齿轮由轴环、套筒固定，左端轴承采用端盖和套筒固定，右端轴承采用轴肩和端盖固定。齿轮和左端轴承从左侧装拆，右端轴承从右侧装拆。因为右端轴承与齿轮距离较远，所以轴环布置在齿轮的右侧，以免套筒过长。

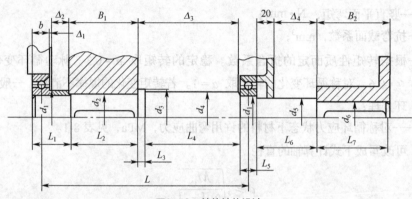

图8-19　轴的结构设计

① 轴的各段直径的确定。与联轴器相连的轴段是最小直径，取 $d_6 = 42\text{mm}$；联轴器定位轴肩的高度取 $h = 3\text{mm}$，则 $d_5 = 48\text{mm}$；选 7210AC 型轴承，则 $d_1 = 50\text{mm}$，右端轴承定位轴肩高度取 $h = 3.5\text{mm}$，则 $d_4 = 57\text{mm}$；与齿轮配合的轴段直径 $d_2 = 53\text{mm}$，齿轮的定位轴肩高度取 $h = 5\text{mm}$，则 $d_3 = 63\text{mm}$。

② 轴上零件的轴向尺寸及其位置。轴承宽度 $b = 20\text{mm}$，齿轮宽度 $B_1 = 80\text{mm}$，联轴器宽度 $B_2 = 84\text{mm}$，轴承端盖宽度为 20mm。箱体内侧与轴承端面间隙取 $\varDelta = 2\text{mm}$，齿轮与箱体内侧的距离如图 8-19 所示，分别为 $\varDelta_2 = 20\text{mm}$，$\varDelta_3 = 15 + 80 + 20 = 115\text{mm}$，联轴器与箱体之间间隙 $\varDelta_4 = 50\text{mm}$。

与之对应的轴各段长度分别为 $L_1 = 44\text{mm}$，$L_2 = 78\text{mm}$，轴环取 $L_3 = 8\text{mm}$，$L_4 = 109\text{mm}$，$L_5 = 20\text{mm}$，$L_6 = 70\text{mm}$，$L_7 = 82\text{mm}$。

轴承的支承跨度为

$$L = L_1 + L_2 + L_3 + L_4 = 239\text{mm}$$

（4）验算轴的疲劳强度。

① 画输出轴的受力简图，如图 8-20（a）所示。

② 画水平平面的弯矩图，如图 8-20（b）所示。通过列水平平面的受力平衡方程，可求得

$$F_{AH} = 4\,238\text{N} \qquad F_{BH} = 1\,827\text{N}$$

则

$$M_{CH} = 72\,F_{AH} = 72 \times 4\,238 = 305\,136\,\text{N}\cdot\text{mm}$$

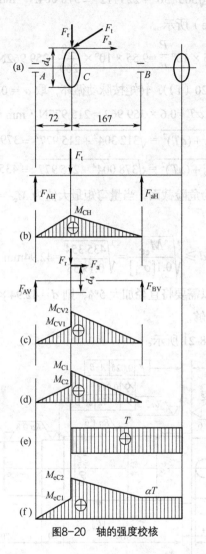

图8-20 轴的强度校核

③ 画竖直平面的弯矩图，如图 8-20（c）所示。通过列竖直平面的受力平衡方程，可求得

$$F_{AV} = 924\text{N} \qquad F_{BV} = 1\,336\text{N}$$

则

$$M_{CV_1} = 72\,F_{AV} = 72 \times 924 = 66\,528\text{N}\cdot\text{mm}$$

$$M_{CV_2} = 167\,F_{BV} = 167 \times 1\,336 = 223\,112\text{N}\cdot\text{mm}$$

④ 画合成弯矩图，如图 8-20（d）所示。

$$M_{C_1} = \sqrt{M_{CH}^2 + M_{CV_1}^2}$$

$$= \sqrt{305\,136^2 + 66\,528^2} = 312\,304\,\text{N}\cdot\text{mm}$$

$$M_{C2} = \sqrt{M_{CH}^2 + M_{CV_2}^2}$$
$$= \sqrt{305\,136^2 + 223\,112^2} = 378\,004\text{N} \cdot \text{mm}$$

⑤ 画转矩图，如图 8-20（e）所示。

$$T = 9.55 \times 10^6 \frac{P}{n} = 9.55 \times 10^6 \times \frac{9.8}{260} = 359\,962\text{N} \cdot \text{mm}$$

⑥ 画当量弯矩图（见图 8-20（f）），转矩按脉动循环，取 $\alpha = 0.6$，则

$$\alpha T = 0.6 \times 359\,962 = 215\,977\text{N} \cdot \text{mm}$$
$$M_{eC1} = \sqrt{M_{C1}^2 + (aT)^2} = \sqrt{312\,304^2 + 215\,977^2} = 379\,710\text{N} \cdot \text{mm}$$
$$M_{eC2} = \sqrt{M_{C2}^2 + (aT)^2} = \sqrt{378\,004^2 + 215\,977^2} = 435\,354\text{N} \cdot \text{mm}$$

由当量弯矩图可知 C 截面为危险截面，当量弯矩最大值为 $M_{eC} = 435\,354\text{N} \cdot \text{mm}$。

⑦ 验算轴的直径

$$d \geqslant \sqrt[3]{\frac{M_{ec}}{0.1[\sigma_{-1}]}} = \sqrt[3]{\frac{435\,354}{0.1 \times 55}} = 42.94\text{mm}$$

因为 C 截面有一键槽，所以需要将直径加大 5%，则 $d = 42.94 \times 105\% = 45.1\text{mm}$，而 C 截面的设计直径为 53mm，所以强度足够。

⑧ 绘制轴的零件图，如图 8-21 所示。

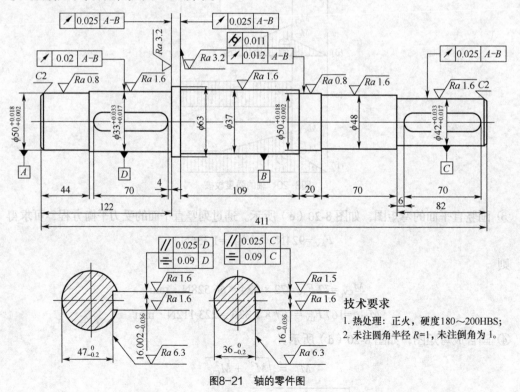

技术要求

1. 热处理：正火，硬度 180~200HBS；
2. 未注圆角半径 $R=1$，未注倒角为 1。

图8-21 轴的零件图

轴的设计方法及轴的使用与维护

轴的设计内容主要包括选择合适的材料，确定合理的结构，计算轴的工作能力等。本节只讨论轴的设计方法。

在工程实际中，对于一般的轴来说，轴的设计方法有类比法和设计计算法两种。

8.3.1 类比法

类比法是根据轴的工作条件，选择与其相似的轴进行类比及结构设计，画出轴的零件图。

对于一般减速装置中的轴，也可以用经验公式来估算轴的最小直径。其高速级输入轴的最小直径，可以按与其相连的电动机的轴径 D 进行估算，$d=(8\sim12)D$；相应地各级低速轴的最小轴径可以按同级齿轮的中心距进行估算，$d=(0.3\sim0.4)a$。

用类比法设计轴一般不进行强度计算。由于类比法完全依靠现有资料及设计者的经验进行轴的设计，设计结构比较可靠、稳妥，同时又可加快设计进程，因此该方法较为常用。但是，这种方法有时也会有一定的盲目性。

8.3.2 设计计算法

轴的工作状况的好坏直接影响到整台机器的性能和质量，因此，对于重要场合的轴，应按疲劳强度对轴进行强度校核计算。受载大且精度要求高的轴，要考虑刚度的要求，对于高速转动的轴，有时还要考虑稳定性等问题。

设计计算法由已知的工作条件，先进行初步的强度计算，参考其结果进行轴的结构设计，最后校核轴的强度。设计计算法的一般步骤如下。

（1）选择轴的材料和热处理方法。根据轴的工作条件，选择轴的材料和热处理方法，确定出轴的许用应力。

（2）初步估算轴的最小直径。按扭转强度估算出轴的最小直径。

（3）轴的结构设计。设计轴的结构，绘制出轴的结构草图。具体内容包括：根据工作要求确定轴上零件的位置和固定方式,确定各个轴段的直径和长度以及根据有关设计手册确定轴的结构细节，如圆角、倒角、退刀槽等的尺寸。

（4）轴的强度校核。按弯扭合成强度进行轴的强度校核。由于轴的各个截面的当量弯矩和直径不同，因此轴的危险截面位于当量弯矩较大、轴的直径较小处。一般在轴上选取一个或两个危险截面进行强度校核。

如果危险截面强度不够或强度富裕度太大，则可以通过改变轴的直径，重新修改轴的结构。修改轴的结构以后，要再进行校核计算，这样反复交替地进行校核和修改，直至设计出较为合理的轴的结构。

（5）绘制轴的零件图。

8.3.3 轴的使用与维护

轴若使用不当，没有良好的维护，就会影响其正常工作，甚至产生意外损坏，降低轴的使用寿命。因此，轴的正确使用和良好的维护，对轴的正常工作及保证轴的疲劳寿命有着很重要的意义。

1. 轴的使用

（1）安装时，要严格按照轴上零件的先后顺序进行，注意保证安装精度。对于过盈配合的轴段要采用专门工具进行装配，以免破坏其表面质量。

（2）安装结束后，要严格检查轴在机器中的位置以及轴上零件的位置，并将其调整到最佳工作位置，同时轴承的游隙也要按工作要求进行调整。

（3）在工作中，必须严格按照操作规程进行，尽量使轴避免承受过量载荷和冲击载荷，并保证润滑，从而保证轴的疲劳强度。

2. 轴的维护

在工作过程中，对机械要定期检查和维修，对于轴的维护重点注意三个方面。

（1）认真检查轴和轴上零件的完好程度，若发现问题应及时维修或更换。轴的维修部位主要是轴颈及轴端。对精度要求较高的轴，在磨损量较小时，可采用电镀法或热喷涂（或喷焊）法进行修复。轴上花键、键槽损伤，可以用气焊或堆焊修复，然后再铣出花键或键槽。也可将原键槽补焊后再铣制新键槽。

（2）认真检查轴以及轴上主要传动零件工作位置的准确性、轴承的游隙变化并及时调整。

（3）轴上的传动零件（如齿轮、链轮等）和轴承必须保证良好的润滑。应当根据季节和工作地点，按规定选用润滑剂并定期加注。要对润滑油及时检查和补充，必要时更换。

8.4 滚动轴承

轴承的功用是支承轴及轴上零件，保持轴的旋转精度，减少转轴与支承之间的摩擦和磨损。

根据支承处相对运动表面的摩擦性质，轴承分为滑动摩擦轴承和滚动摩擦轴承，分别简称为滑动轴承和滚动轴承。

| 8.4.1 滚动轴承的结构、类型 |

1. 滚动轴承的结构

如图 8-22 所示，滚动轴承一般由外圈 1、内圈 2、滚动体 3 和保持架 4 组成。内圈装在轴颈上，外圈装在机座或零件的轴承孔内。多数情况下，外圈不转动，内圈与轴一起转动。当内外圈之间相对旋转时，滚动体沿着滚道滚动。保持架使滚动体均匀分布在滚道上，并减少滚动体之间的碰撞和磨损。

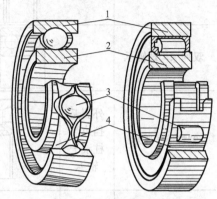

图8-22 滚动轴承结构

2. 滚动轴承的类型及特性

为满足机械的各种要求，滚动轴承有多种类型，如图 8-23 所示。根据滚动体的形状不同可以将轴承分为球轴承或滚子轴承。球轴承的滚动体是球形的，承载能力和承受冲击能力小。滚子轴承的滚动体形状有圆柱滚子、圆锥滚子、鼓形滚子和滚针等，承载能力和承受冲击能力大，但极限转速低。

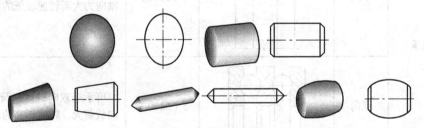

图8-23 滚动体形状

滚动体的列数可以是单列或双列等。表 8-2 列出了一般滚动轴承（GB/T 272—1993）的类型及特性。

表 8-2　　　　　　　　　常用滚动轴承的类型及特性

轴承类型	轴承类型简图	类型代号	特性
调心球轴承		1	主要承受径向载荷，也可承受少量的双向轴向载荷。外圈滚道为球面，具有自动调心性能，适用于弯曲刚度小的轴
调心滚子轴承		2	用于承受径向载荷，其承载能力比调心球轴承大，也能承受少量的双向轴向载荷。具有调心性能，适用于弯曲刚度小的轴

续表

轴承类型	轴承类型简图		类型代号	特性
圆锥滚子轴承			3	能承受较大的径向载荷和轴向载荷。内外圈可分离，故轴承游隙可在安装时调整，通常成对使用，对称安装
双列深沟球轴承			4	主要承受径向载荷，也能承受一定的双向轴向载荷。它比深沟球轴承具有更大的承载能力
圆柱滚子轴承	外圈无挡边圆柱滚子轴承		N	只能承受径向载荷，不能承受轴向载荷。承受载荷能力比同尺寸的球轴承大，尤其是承受冲击载荷能力大
推力球轴承	单向		5（5100）	只能承受单向轴向载荷，适用于轴向力大而转速较低的场合
	双向		5（5200）	可承受双向轴向载荷，常用于轴向载荷大、转速不高的场合
深沟球轴承			6	主要承受径向载荷，同时承受少量双向轴向载荷。摩擦阻力小，极限转速高，结构简单，价格便宜，应用最广泛
角接触球轴承			7	能承受径向载荷与轴向载荷，接触角 α 有 15°、25°、40° 3 种。适用于转速较高、同时承受径向和轴向载荷的场合
推力圆柱滚子轴承			8	只能承受单向轴向载荷，承载能力比推力球轴承大得多，不允许轴线偏移。适用于轴向载荷大而不需调心的场合

8.4.2 滚动轴承的代号

滚动轴承的种类和尺寸规格繁多，为了便于组织生产和选用，常用的滚动轴承大多数已经标准化了。国家标准GB/T 272—1993规定了滚动轴承的代号方法。轴承的代号用字母和数字来表示，一般印或刻在轴承套圈的端面上。

滚动轴承的代号由基本代号、前置代号和后置代号组成。轴承代号的构成见表8-3。

表8-3　　　　　　　　　　　　滚动轴承代号的构成

前置代号	基本代号				后置代号
	类型代号	尺寸系列代号		内径代号	
字母	数字或字母	宽度系列代号	直径系列代号	两位数字	字母（或加数字）
		1位数字	1位数字		

例如：滚动轴承代号N2210/P5。基本代号：N——类型代号；22——尺寸系列代号；10——内径代号。后置代号：P5——精度等级代号。

1. 基本代号

基本代号表示轴承的类型、结构和尺寸，是轴承代号的基础。基本代号由轴承类型代号、尺寸系列代号和内径代号3部分构成。

（1）类型代号。用数字或字母表示，其表示方法见表8-4。

表8-4　　　　　　　　　　　一般滚动轴承类型代号

代号	轴承类型	代号	轴承类型
0	双列角接触球轴承	7	角接触球轴承
1	调心球轴承	8	推力圆柱滚子轴承
2	调心滚子轴承和推力调心滚子轴承	N	圆柱滚子轴承
3	圆锥滚子轴承		双列或多列用字母NN表示
4	双列深沟球轴承	U	外球面球轴承
5	推力球轴承	QJ	四点接触球轴承
6	深沟球轴承		

（2）尺寸系列代号。尺寸系列代号由轴承的宽（推力轴承指高）度系列代号和直径系列代号组成。各用1位数字表示。

轴承的宽度系列代号指：内径相同的轴承，对向心轴承，配有不同的宽度尺寸系列。轴承宽度系列代号有0、1、2、3、4、5、6，宽度尺寸依次递增。对推力轴承，配有不同的高度尺寸系列，代号有7、9、1、2，高度尺寸依次递增。在GB/T 272—93规定的型号中，宽度系列代号被省略。

轴承的直径系列代号指：内径相同的轴承配有不同的外径尺寸系列。其代号有 7、8、9、0、1、2、3、4、5，外径尺寸依次递增。图 8-24 所示为深沟球轴承的不同直径系列代号的对比。

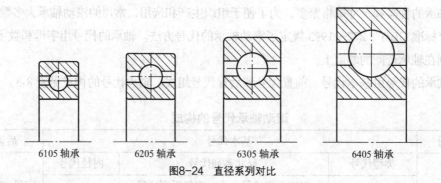

| 6105 轴承 | 6205 轴承 | 6305 轴承 | 6405 轴承 |

图8-24 直径系列对比

（3）内径代号

轴承内孔直径用两位数字表示，见表 8-5。

表 8-5   轴承内径代号

内径代号	00	01	02	03	04～99
轴承内径 d/mm	10	12	15	17	数字×5

2. 前置代号

轴承的前置代号用字母表示。如用 L 表示可分离轴承的可分离内圈或外圈，代号示例如 LN207。

3. 后置代号

轴承的后置代号用字母（或加数字）等表示。后置代号的内容很多，下面介绍几种常用的后置代号。

（1）内部结构代号用字母表示，紧跟在基本代号后面。如接触角 $\alpha = 15°$、$25°$ 和 $40°$ 的角接触球轴承分别用 C、AC 和 B 表示内部结构的不同。代号示例如 7210C、7210AC 和 7210B。

（2）密封、防尘与外部形状变化代号。如 "-Z" 表示轴承一面带防尘盖；"N" 表示轴承外圈上有止动槽。代号示例如 6210-Z、6210N。

（3）轴承的公差等级分为 2、4、5、6、6_x 和 0 级，共 6 个级别，精度依次降低。其代号分别为 /P2、/P4、/P5、/P6$_x$、/P6 和 /P0。公差等级中，6_x 级仅适用于圆锥滚子轴承；0 级为普通级，在轴承代号中省略不表示。代号示例如 6203、6203/P6、30210/P6$_x$。

（4）轴承的游隙分为 1、2、0、3、4 和 5 组，共 6 个游隙组别，游隙依次由小到大。常用的游隙组别是 0 游隙组，在轴承代号中省略不表示，其余的游隙组别在轴承代号中分别用符号/C1、/C2、/C3、/C4、/C5 表示。代号示例如 6210、6210/C4。

实际应用的滚动轴承类型是很多的，相应的轴承代号也是比较复杂的。以上介绍的代号是轴承代号中最基本、最常用的部分，熟悉了这部分代号，就可以识别和查选常用的轴承。关于滚动轴承详细的代号方法可查阅 GB/T 272—1993。

代号举例：

30210——表示圆锥滚子轴承，宽度系列代号为 0，直径系列代号为 2，内径为 50mm，公差等级为 0 级，游隙为 0 组；

LN207/P63——表示圆柱滚子轴承，外圈可分离，宽度系列代号为 0（0 在代号中可省略），直径系列代号为 2，内径为 35mm，公差等级为 6 级，游隙为 3 组。

8.4.3 滚动轴承的选择

滚动轴承已经标准化，在一般的机械设计中，只需根据工作要求正确地选择，便可通过外购而直接使用。滚动轴承的选择包括类型选择、精度选择和尺寸选择 3 个方面。首先选择滚动轴承的类型，然后通过计算确定其型号规格，从而可以得出轴承的代号。下面分别加以讨论。

1. 类型的选择

在选择滚动轴承的类型时，首先应该了解各类轴承的性能和特点，综合考虑以下各个因素来确定。

（1）载荷条件。轴承承受工作载荷的大小、方向和性质是选择轴承类型的主要依据。

在外廓尺寸相同的条件下，滚子轴承比球轴承的承载能力和耐冲击能力都好。因此，当工作载荷较大或有冲击载荷、转速较低时，应选用滚子轴承；反之，则应选用球轴承。球轴承摩擦小、高速性能好。但是，当轴承的内径 $d \leqslant 20$mm 时，滚子轴承的承载能力与球轴承的承载能力已相差不多。

主要承受径向载荷时应选用深沟球轴承；受纯轴向载荷时通常选用推力轴承；同时承受径向和轴向载荷时应选角接触球轴承或圆锥滚子轴承，当轴向载荷比径向载荷大很多时，常用推力轴承和深沟球轴承的组合结构。

应当注意的是，推力轴承不能承受径向载荷，圆柱滚子轴承不能承受轴向载荷。

（2）转速条件。选择轴承类型时应注意其允许的极限转速 $n_{\lim}$。轴承的工作转速应低于极限转速。

当轴承的工作转速较高且旋转精度要求较高时，应选用球轴承。当工作转速较高而轴向载荷不大时，可采用角接触球轴承或深沟球轴承。对于高速运转的轴承，为减小滚动体施加于外圈滚道的离心力，应优先选用外径和滚动体直径较小的轴承。

推力轴承的极限转速较低。

（3）轴的刚度。对于跨距较大的轴或难以保证两个轴承孔的同轴度的轴以及多支点的轴，宜选用调心轴承。调心轴承具有自动调心的性能，其内、外圈轴线之间的偏位角应控制在极限值之内，否则会增加轴承的附加载荷而降低其寿命。

（4）安装与拆卸。对于采用整体式轴承座并需要经常拆卸的轴承，为便于装配和调整轴承游隙，应优先选用内、外圈可分离的轴承，如圆锥滚子轴承和圆柱滚子轴承。

（5）经济性。在满足使用要求的前提下，应尽量选用价格低廉的轴承。从经济性角度考虑，一般情况下，球轴承的价格低于滚子轴承；径向接触轴承低于角接触轴承；有特殊结构的轴承比普通结构的轴承价格高。

在选择轴承类型的过程中，一般选取几种可行的轴承类型，然后进行全面的分析和比较，最后才能确定出究竟选哪一类型的轴承最为合适。

2. 公差等级的选择

对于同型号的轴承，精度越高，其价格就越高。因此，一般的机械传动中宜选用 P0 级普通精度的轴承。

3. 尺寸选择

在确定滚动轴承的类型之后，还要确定轴承的尺寸，从而得出轴承的代号。在多数情况下，只需决定轴承的基本代号。在基本代号中，内径根据已经设计出的轴的轴颈来确定，只要确定轴承的尺寸系列代号即可。因此，滚动轴承尺寸的选择实际上就是确定轴承的尺寸系列。

在具体选择时，通常是首先根据经验或类比的方式初步确定轴承的尺寸系列，然后针对轴承的工作条件和相应的失效形式进行强度或寿命的校核计算。

| 8.4.4　滚动轴承的组合设计 |

为保证滚动轴承的正常工作，除了要合理选择轴承的类型和尺寸外，还必须正确、合理地进行轴承的组合设计。轴承的组合设计主要解决的问题是：轴承的轴向固定、轴承与其他零件的配合、轴承的调整、润滑与密封等问题。

1. 滚动轴承的支承结构类型

（1）两端固定式。如图 8-25 所示，两端用深沟球轴承支承。轴承靠端盖轴向固定，通过调整垫片，调节轴承盖与轴承外圈的预留间隙 α。向心轴承 $\alpha \approx$（0.2～0.3）mm；向心角接触轴承（见图 8-26）的预留间隙依赖轴承内部游隙进行调节。

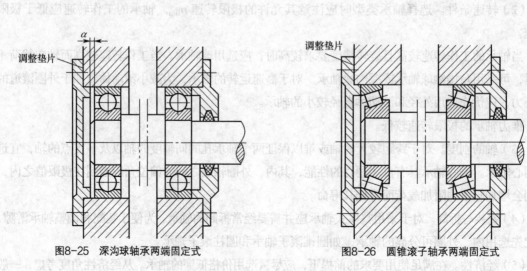

图8-25　深沟球轴承两端固定式　　　　图8-26　圆锥滚子轴承两端固定式

（2）一端固定、一端游动。当轴的支点跨距较大或工作温升较高时，多采用一端固定、一端游动支承。固定端能承受双向轴向载荷，当轴受热膨胀伸长时，游动端能自由伸长和缩短（见图 8-27）。

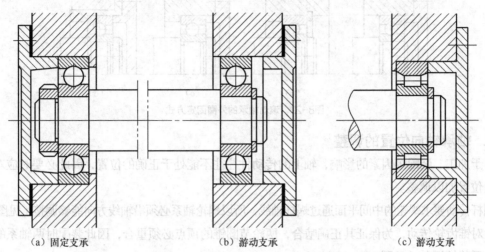

（a）固定支承　　　　　　　（b）游动支承　　　　　　　（c）游动支承

图8-27　一端固定、一端游动式轴承支承

2. 滚动轴承的轴向固定

（1）内圈固定

① 如图 8-28（a）所示，轴承内圈靠轴肩单向固定。特点是结构简单，装拆方便。

② 如图 8-28（b）所示，用弹性挡圈与轴肩对轴承双向定位。特点是结构简单，但弹性挡圈承受轴向载荷的能力较小，不宜高速。

③ 如图 8-28（c）所示，用圆螺母与止动垫圈固定轴承，主要用于轴向载荷大，且转度高的场合。

④ 如图 8-28（d）所示，用轴端压板和螺钉固定轴承。特点是能允许较高转速，能承受中等轴向载荷。

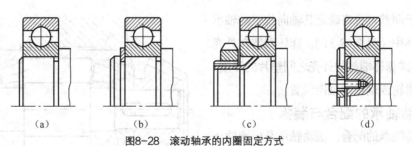

（a）　　　　　　（b）　　　　　　（c）　　　　　　（d）

图8-28　滚动轴承的内圈固定方式

（2）外圈固定

① 如图 8-29（a）所示，用轴承端盖固定轴承。特点是结构简单，固定可靠，调整方便。

② 如图 8-29（b）所示，用弹性挡圈固定轴承。特点是结构简单，装拆方便，占用空间少。

③ 如图 8-29（c）所示，用端盖和座孔挡肩固定轴承。特点是结构简单，固定可靠，能承受较大的轴向载荷，但机座孔加工不方便。

④ 如图 8-29（d）所示，用套筒挡肩和端盖固定轴承。特点是结构简单，机座孔加工方便，利用垫片可调整轴系轴向位置。

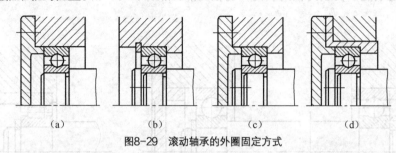

(a)　　　　(b)　　　　(c)　　　　(d)

图8-29　滚动轴承的外圈固定方式

3. 轴承轴向位置的调整

由于加工、装配等因素的影响，轴上的传动件往往不能处于正确的位置，因此必要时应对轴系的轴向位置加以调整。

蜗杆传动要求蜗轮的中间平面通过蜗杆轴线，所以蜗轮轴系必须沿轴线方向能够调整（见图 8-30（a））。对锥齿轮传动，为保证其正确啮合，两轮节圆锥的顶点必须重合，因此装配时两轴系的轴向位置均需能够调整（见图 8-30（b））。

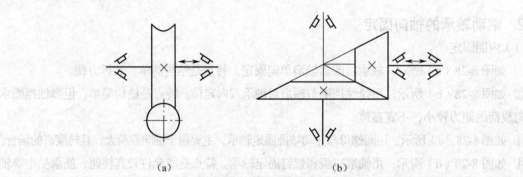

(a)　　　　　　　　　　　(b)

图8-30　轴向位置的调整

为了便于调整，可将确定其轴向位置的轴承装在一个套杯中（见图 8-31），套杯则装在外壳孔中。通过增减套杯端盖与外壳之间垫片的厚度，可以调整锥齿轮或蜗杆的轴向位置。

4. 滚动轴承的配合与装拆

（1）滚动轴承的配合。滚动轴承是标准件，因此轴承内孔与轴颈的配合采用基孔制，常选用 n6、m6、k6 等。轴承外圈与箱体座孔的配合采用基轴制，一般选用 G7、H7、J7、K7 等。一般当转速高、载荷大、振动大时，配合应选紧些。经常拆卸的轴承，应采用较松的配合。

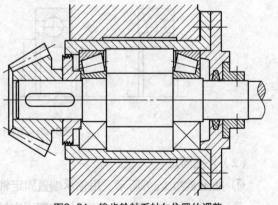

图8-31　锥齿轮轴系轴向位置的调整

（2）滚动轴承的安装与拆卸。在进行轴承的组合设计时，还要考虑轴承的装卸，应留出装拆空间。

对于大尺寸的轴承，安装时可用压力机在内圈上加压，使其紧套在轴颈上。对于中、小尺寸的轴承，采用冷压法，通过手锤和套筒安装，如图 8-32 所示。或者采用热套法，将轴承加热，然后套装在轴上。

轴承拆卸时需要拆卸器，如图 8-33 所示。在拆卸过程中，禁止通过滚动体传递压力，否则将使滚道和滚动体产生变形，引起保持架变形。

为了便于拆卸，设计时应使定位轴肩的高度低于轴承内圈的高度，要留有轴向空间，以便放置拆卸器的钩头（见图 8-33）。

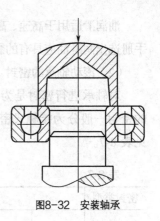

图8-32 安装轴承

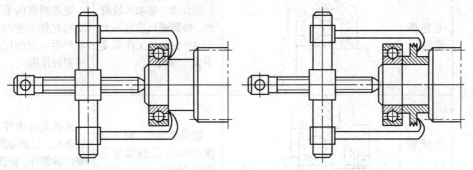

图8-33 用拆卸器拆卸轴承

5. 滚动轴承的润滑与密封

（1）滚动轴承的润滑。滚动轴承常用的润滑剂有润滑脂、润滑油及固体润滑剂。润滑方式和润滑剂的选择，可根据轴颈的速度因素 dn 的值来确定。表 8-6 列出了各种润滑方式下轴承的允许 dn 值。

表 8-6 　　　　　　　　　各种润滑方式下轴承的允许 dn 值

轴承类型	脂润滑	油润滑			
		油浴润滑	滴油润滑	循环油润滑	喷雾润滑
深沟球轴承	160 000	250 000	400 000	600 000	> 600 000
调心球轴承	160 000	250 000	400 000		
角接触球轴承	160 000	250 000	400 000	600 000	> 600 000
圆柱滚子轴承	120 000	250 000	400 000	600 000	
圆锥滚子轴承	100 000	160 000	230 000	300 000	
调心滚子轴承	80 000	120 000		250 000	
推力球轴承	40 000	60 000	120 000	150 000	

注：d 为轴承内径（mm）；n 为轴承转速（r/min）。

最常用的滚动轴承润滑剂为润滑脂。脂润滑适合于 dn 值较小的场合，其特点是不易流失、便于密封、油膜强度较高，故能承受较高的载荷。

油润滑适用于高速、高温条件下工作的轴承。选用润滑油时，根据工作温度和 dn 值，参考有关手册选出润滑油应具有的黏度值，由此选出适用的润滑油品种及牌号。

（2）滚动轴承的密封

对轴承进行密封是为了阻止灰尘、水和其他杂物进入轴承，并阻止润滑剂流失。滚动轴承的密封一般分为接触式密封、非接触式密封和组合式密封。各种密封装置的结构、特点及应用见表 8-7。

表 8-7　　　　　　　　　滚动轴承的常用密封形式

密封类型		图例	适用场合	说　明
接触式密封	毛毡圈密封		脂润滑。要求环境清洁，轴颈圆周速度不大于 4～5m/s，工作温度不大于 90℃	矩形断面的毛毡圈被安装在梯形槽内，它对轴产生一定的压力而起到密封作用
	皮碗密封		脂或油润滑。圆周速度＜7m/s，工作温度不大于 100℃	皮碗是标准件。密封唇朝里，目的是防漏油；密封唇朝外，能防灰尘、杂质进入
非接触式密封	油沟式密封		脂润滑。干燥清洁环境	靠轴与盖间的细小环形间隙密封，间隙越小越长，效果越好，间隙 0.1～0.3mm
	迷宫式密封		脂或油润滑。密封效果可靠	将旋转件与静止件之间的间隙做成迷宫形式，在间隙中充填润滑油或润滑脂以加强密封效果
组合密封			脂或油润滑	毛毡加迷宫是组合密封的一种形式，可充分发挥各自的优点，提高密封效果。组合方式很多，在此不一一列举

滑动轴承

8.5.1 滑动轴承的应用、类型及选用

因为滑动轴承具有一些滚动轴承不能替代的特点，所以在许多情况下，如航空发动机附件、内燃机、铁路机车、金属切削机床、轧钢机和射电望远镜等机械中，广泛采用滑动轴承。

1. 滑动轴承的应用

滑动轴承应用于工作转速特别高、对轴的支承位置要求特别精确的场所，如组合机床的主轴承；承受巨大的冲击与振动负荷的场合，如曲柄压力机上的主轴承；装配工艺要求轴承剖分的场合，如曲轴的轴承；以及其他要求径向尺寸小，不适宜采用滚动轴承的场合。

2. 滑动轴承的类型及选用

根据轴承所承受负荷方向的不同，可将滑动轴承分为 3 类：① 向心轴承（主要承受径向负荷）；② 推力轴承（主要承受轴向负荷）；③ 向心推力轴承或推力向心轴承（同时承受径向和轴向负荷）。

根据轴承工作时润滑状态的不同，可将滑动轴承分为液体摩擦轴承和非液体摩擦轴承两大类。摩擦表面完全被润滑油隔开的轴承称为液体摩擦轴承。根据液体油膜形成原理的不同，又可分为液体动压摩擦轴承（简称动压轴承）和液体静压摩擦轴承（简称静压轴承）。

利用油的黏性和轴颈的高速转动，将润滑油带入摩擦表面之间，建立起具有足够压力的油膜，从而将轴颈与轴承孔的相对滑动表面完全隔开的轴承，称为动压轴承。这种轴承适用于高速、重载、回转精度高和较重要的场合。

用油泵将润滑油以一定压力输入轴颈与轴承孔两表面之间，用油的压力将轴颈强制顶起，从而将轴颈与轴承的摩擦表面完全隔开的轴承，称为静压轴承。这种轴承在转速极低的设备（如巨型天文望远镜）和重型机械中应用较多。

摩擦表面不能被润滑油完全隔开的轴承称为非液体摩擦轴承。这种轴承主要用于低速、轻载和要求不高的场合。

8.5.2 滑动轴承的结构形式

1. 向心滑动轴承的结构形式

（1）整体式。整体式向心滑动轴承既可将轴承与机座做成一体，也可由轴承座 1 和轴套 2 组成

（见图 8-34）。轴承座常用铸铁制造，底座用螺栓与机架连接，顶部设有装润滑油杯的螺纹孔 5。轴承套用减摩材料制成，压入轴承座孔内，其上开有油孔 4，内表面上开有油沟 3，以输送润滑油。这种轴承结构简单，制造方便，造价低。缺点是轴承只能从轴端部装入或取出，拆装不便；而且轴承磨损后，无法调整轴承间隙，只有更换轴套。因而此类轴承多用于轻载、低速或间歇工作的简单机械上。

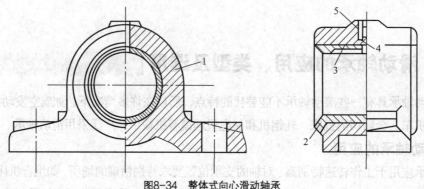

图8-34　整体式向心滑动轴承

（2）剖分式。剖分式滑动轴承主要由轴承座 1、上下轴瓦 2 和轴承盖 3 组成（见图 8-35）。上下两部分由螺栓 4 连接。轴承盖上装有润滑油杯 5。轴承的剖分面常制成阶梯形，以便安装时定位，并防止上、下轴瓦错动。在剖分面间，可装若干薄垫片，当轴瓦磨损后，可用取出适当的垫片或重新刮瓦的方法来调整轴承间隙。轴承座和轴承盖一般用铸铁制造，在重载或有冲击时可用铸钢制造。这种轴承装拆方便，易于调整间隙，应用较广；缺点是结构复杂。设计时注意使径向负荷的方向与轴承剖分面垂线的夹角不大于 35°。否则应采用倾斜剖分式，如图 8-36 所示。

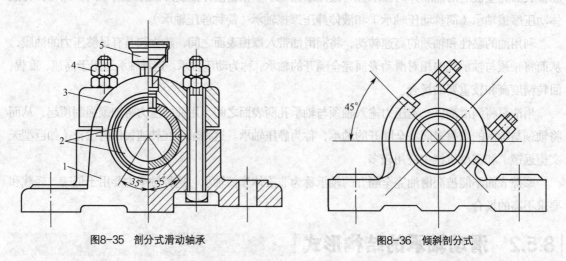

图8-35　剖分式滑动轴承　　　　　　　图8-36　倾斜剖分式

（3）间隙可调式。转动间隙可调式滑动轴承轴套上两端的圆螺母可使轴套做轴向移动，即可调节轴承的间隙，如图 8-37 所示。

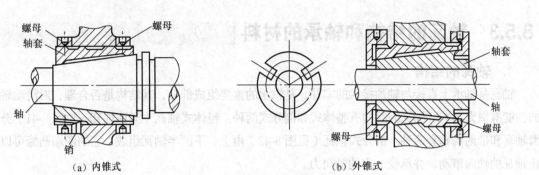

（a）内锥式　　　　　　　　　　　　（b）外锥式

图8-37　带锥形表面轴套的滑动轴承

（4）自动调心式。对于宽径比（轴承宽度 B 与轴颈直径 d 之比）$B/d > 1.5$ 的滑动轴承，为避免因轴的挠曲或轴承孔的同轴度较低而造成轴与轴瓦端部边缘产生局部接触，可采用自动调心式滑动轴承，如图 8-38 所示，其轴瓦外表面做成球状，与轴承盖及轴承座的球形内表面相配合。当轴颈倾斜时，轴瓦自动调心。

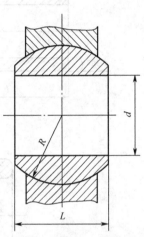

图8-38　自动调心式滑动轴承

2. 推力滑动轴承的结构形式

（1）立式轴端推力滑动轴承。立式轴端推力滑动轴承由轴承座 1、衬套 2、轴瓦 3 和止推瓦 4 组成，如图 8-39 所示，止推瓦底部制成球面，可以自动复位，避免偏载。销钉 5 用来防止轴瓦转动。轴瓦 3 用于固定轴的径向位置，同时也可承受一定的径向负荷。润滑油靠压力从底部注入，并从上部油管流出。

（2）立式轴环推力滑动轴承。轴环推力滑动轴承由带有轴环的轴和轴瓦组成，如图 8-40 所示，一般用于低速轻载场合。其中多环结构不仅能承受较大的轴向负荷，而且还可承受双向的轴向负荷。

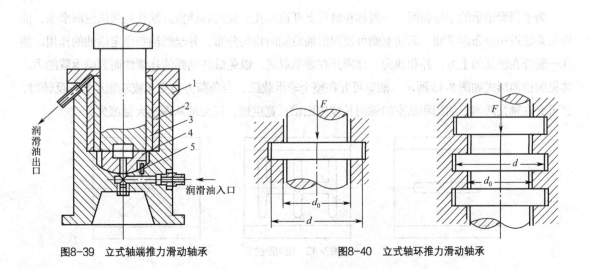

图8-39　立式轴端推力滑动轴承　　　　　　　　图8-40　立式轴环推力滑动轴承

8.5.3 轴瓦的结构和轴承的材料

1. 轴瓦的结构

轴瓦是轴承上直接与轴颈接触的零件，是轴承的重要组成部分，其结构是否合理，对滑动轴承的性能有很大影响。轴瓦的结构有整体式和剖分式两种。整体式轴瓦（又称轴套，见图 8-41）分光滑轴套和带油沟轴套两种。剖分式轴瓦（见图 8-42）由上、下两半轴瓦组成，它的两端凸缘可以防止轴瓦的轴向窜动，并承受一定的轴向力。

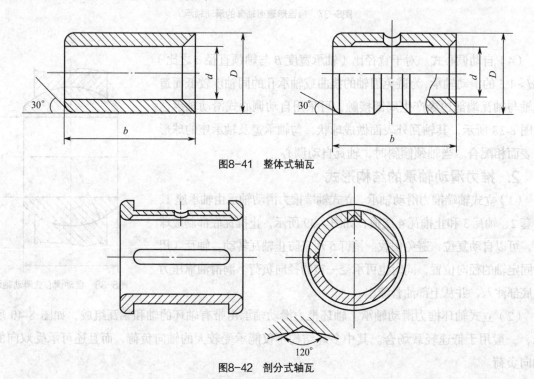

图8-41 整体式轴瓦

图8-42 剖分式轴瓦

为了润滑轴承的工作表面，一般都在轴瓦上开设油孔、油沟和油室。油孔用来供应润滑油，油沟用来输送和分布润滑油，而油室则可使润滑油沿轴向均匀分布，并起贮油和稳定供油的作用。油孔一般开在轴瓦的上方，并和油沟一样应开在非承载区，以免破坏油膜的连续性而影响承载能力。常见的油沟形式如图 8-43 所示。油室可开在整个非承载区，当负荷方向变化或轴颈经常正反转时，也可开在轴瓦两侧。油沟和油室的轴向长度应比轴瓦宽度短，以免油从两端大量流失。

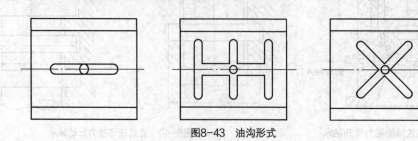

图8-43 油沟形式

为了改善表面的摩擦性质。常在轴瓦内表面浇注一层（0.5～6mm）或两层很薄的减摩擦材料（如轴承合金），称为轴承衬（见图8-44），做成双金属轴瓦或三金属轴瓦。为使轴承衬能牢固地贴合在轴瓦表面上，常在轴瓦上制作一些沟槽。

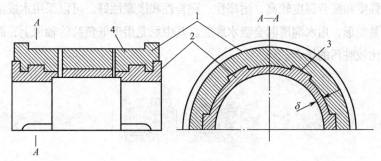

图8-44 轴承衬

2. 轴承的材料

轴瓦和轴承衬的材料称为轴承材料。轴承的主要失效形式是磨损、胶合及因材料强度不足而出现的疲劳点蚀。

对轴承材料性能的主要要求是：① 良好的减摩性和高的耐磨性；② 良好的抗胶合性；③ 良好的抗压、抗冲击和抗疲劳强度性能；④ 良好的顺应性和嵌藏性。顺应性是指材料产生弹性变形和塑性变形以补偿对中误差及适应轴颈产生的几何误差的能力，嵌藏性是指材料嵌藏污物和外来微粒，防止刮伤轴颈以致增大磨损的能力；⑤ 良好的磨合性，磨合性是指新制造、装配的轴承经短期跑合后，消除摩擦表面的不平度，而使轴瓦和轴颈表面相互吻合的性能；⑥ 良好的导热性、耐腐蚀性；⑦ 良好的润滑性和工艺性等。

常用的轴瓦材料分为3大类。

（1）金属材料。金属材料主要有铜合金、轴承合金、铝基合金、减摩铸铁等。

铜合金：铜合金是传统的轴瓦材料，其中铸锡锌青铜和铸锡磷青铜的应用较为普遍。中速、中载的条件下多用铸锡锌青铜；高速、重载多用铸锡磷青铜；高速、冲击或变载时用铅青铜。

轴承合金（又称巴氏合金）：锡（Sn）、铅（Pb）、锑（Sb）、铜（Cu）的合金统称为轴承合金，分为锡基轴承合金和铅基合金两大类。轴承合金的强度、硬度和熔点低，且价格昂贵，因此，不便单独做成轴瓦，而通常将其浇注在钢、铸铁或铜合金的轴瓦基体上作轴承衬来使用。它主要用于重载、高速的重要轴承，如汽车、内燃机中滑动轴承的轴承衬。

铸铁：铸铁性脆，磨合性差，但价廉，用于低速、不受冲击的轻载轴承或不重要的轴承。

（2）粉末冶金材料。粉末冶金材料是将金属粉末加石墨经压制、烧结而成的轴承材料，具有多孔结构，其孔隙占总容积的 15%～30%，使用前先在热油中浸渍数小时，使孔隙中充满润滑油。用这种方法制成的轴承，称为含油轴承。工作时，由于轴颈旋转产生挤压和抽吸作用，孔隙中的油便渗出而起润滑作用；不工作时，由于孔隙的毛细管作用，油又被吸回孔隙中储存起来。所以，这种轴承在相当长的时期内具有自润滑作用。这种材料的强度和韧性较低，适用于

中、低速，平稳无冲击及不宜随意填加润滑剂的轴承。常用的粉末冶金材料有铁—石墨和青铜—石墨两种。

（3）非金属材料。非金属材料主要有塑料、尼龙、橡胶、石墨、硬木等。这些材料的优点是摩擦系数小，抗压强度和疲劳强度较高，耐摩性、跑合性和嵌藏性好，可以采用水或油来润滑。缺点是导热性差，容易变形，用水润滑时会吸水膨胀。其中尼龙用于低负荷的轴承上，而橡胶主要用于以水作润滑剂且比较脏污的场合。

1. 轴的功用、轴的分类及常用材料。轴是组成机器的重要零件之一。轴的主要功用是支承旋转零件，并传递运动和动力。按轴承受载荷的不同，可将轴分为转轴、心轴和传动轴 3 种。心轴工作时仅承受弯矩而不传递转矩；转轴工作时既承受弯矩又承受转矩；传动轴则只传递转矩而不承受弯矩。轴的材料主要是碳钢和合金钢。

2. 轴的结构设计。轴主要由轴颈、轴头和轴身 3 部分组成。为防止轴上零件沿轴向移动，应对它们进行轴向固定和定位。常用的有：轴肩和轴环、套筒、圆螺母和止动垫圈、弹性挡圈和紧定螺钉、轴端挡圈。周向固定的目的主要是为了传递转矩和防止零件与轴产生相对转动。一般采用键、销、紧定螺钉及过盈配合等连接方式。

3. 轴的工作能力计算。一般情况下，轴的工作能力取决于轴的强度。常用的强度验算方法有：按扭转强度条件验算传动轴的强度和估算转轴的最小直径；按弯扭合成强度条件验算传动轴的强度。

4. 轴承的作用及分类。轴承的功用是支承轴及轴上零件，保持轴的旋转精度，减少转轴与支承之间的摩擦和磨损。根据支承处相对运动表面的摩擦性质，轴承分为滑动摩擦轴承和滚动摩擦轴承，分别简称为滑动轴承和滚动轴承。

1. 轴的功用是什么？

2. 试举出日常生活中、实习实训中所见到的轴的例子，并说明它们的类型。

3. 轴的常用材料有哪些，说明它们的特点。

4. 轴的结构设计应考虑哪几方面的问题？

5. 轴的设计方法有哪些？轴在设计中，为什么要估算轴的最小直径？

6. 轴的一般设计步骤是什么？

7. 滚动轴承分为哪几类？各有什么特点？

8. 试述下列轴承代号的含义：

6202   6410   5130   77308C

9. 选择滚动轴承时，应考虑哪些因素？

10. 滑动轴承分为哪几类？各有什么特点？

11. 常用轴瓦的材料有哪些？轴承合金为什么只能做轴承衬？

12. 轴瓦上为什么要开油沟、油孔？开油沟时应注意些什么？

13. 图 8-45 所示为某减速器输出轴的装配结构图，指出图中 1、2、3、4 处结构的错误，并绘制正确的结构草图。

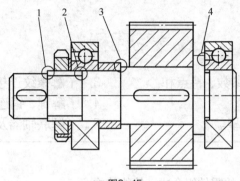

图8-45

Chapter

9

第9章

| 连接 |

【学习目标】

1. 了解螺纹的分类、主要参数、特点和应用。
2. 熟悉螺纹连接的基本类型。
3. 了解螺纹连接的预紧和防松。
4. 了解键、销连接的类型、特点及应用。
5. 了解联轴器及离合器的分类及应用。

连接是将两个或两个以上的零件组合成一体的结构。

为了便于机器的制造、安装、运输等常采用不同的连接。连接按是否可拆分为两大类。

1. 可拆连接

允许多次装拆，不会破坏或损伤连接中的任何一个零件，如键连接、螺纹连接和销连接等。

2. 不可拆连接

若不破坏或损伤连接中的零件就不能将连接拆开，如焊接、铆接、粘接和过盈连接等。

本章主要介绍可拆连接。

9.1 螺纹

| 9.1.1 螺纹的分类 |

根据螺纹的牙型，可分为三角形、矩形、梯形、锯齿形和圆弧形螺纹等，如图 9-1 所示。三角形螺纹和圆弧形螺纹常用于连接，其中三角形螺纹应用最广，圆弧形螺纹主要用于经常与污物接触及易生锈的场合，如水管闸门的螺旋导轴等。矩形、梯形和锯齿形螺纹多用于传动。

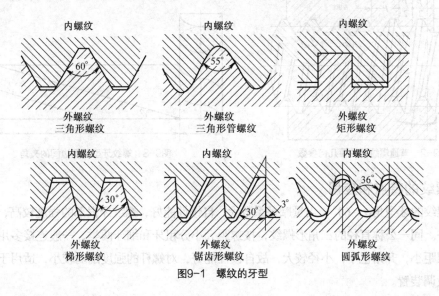

图9-1 螺纹的牙型

根据螺旋线的旋向，螺纹可分为右旋螺纹和左旋螺纹，左、右旋判定方法与蜗杆轮齿左、右旋判定方法相同。常用的螺纹为右旋。

根据螺纹的线数，螺纹分为单线和多线，连接螺纹一般用单线。

根据采用的标准制度的不同，螺纹分为米制和英制螺纹。我国除管螺纹外，一般都采用米制螺纹。凡牙型、大径和螺距等都符合国家标准的螺纹，称为标准螺纹。牙型角为 60° 的三角形圆柱螺纹，称为普通螺纹。标准螺纹的公称尺寸可查阅有关标准或手册。

1. 螺纹的主要参数

圆柱普通螺纹的主要几何参数如图 9-2 所示。

（1）大径 d——螺纹的最大直径，也是螺纹的公称直径。

（2）小径 d_1——螺纹的最小直径，强度计算时常作为螺杆危险截面的计算直径。

（3）中径 d_2——螺纹牙宽度和牙槽宽度相等处的假想圆柱的直径，近似等于螺纹的平均直径：

$d_2 \approx \dfrac{1}{2}(d + d_1)$。

（4）螺距 P——螺纹相邻两牙在中径线上对应点间的距离。

（5）导程 S——螺纹上任一点沿同一条螺旋线运动一周所移动的轴向距离。导程与螺距的关系为：$S = nP$，式中，n 为螺纹线数。

（6）升角 λ——螺纹中径圆柱面上的螺旋线展开后与底面的夹角，如图 9-3 所示，又称导程角，其计算式为

$$\lambda = \arctan \frac{S}{\pi d_2} = \arctan \frac{nP}{\pi d_2} \tag{9.1}$$

（7）牙型角 α——螺纹轴向截面内，螺纹牙型两侧边间的夹角，如图 9-2 所示。

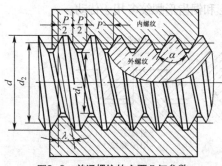

图9-2 普通螺纹的主要几何参数

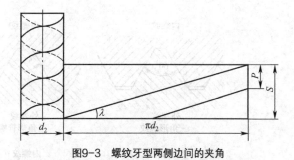

图9-3 螺纹牙型两侧边间的夹角

2. 螺纹的特点和应用

普通螺纹的牙型角 $\alpha = 60°$，当量摩擦系数大，自锁性能好，螺纹牙根部的强度较高，广泛应用于连接零件。同一公称直径的三角形螺纹，按螺距大小分粗牙和细牙两类，一般连接多用粗牙；细牙螺纹的螺距小，升角也小，小径较大，故自锁性能好，对螺杆的强度削弱较小，适用于连接薄壁零件及做微调装置。

圆柱管螺纹为牙型角 $\alpha = 55°$ 的英制细牙三角形螺纹，公称直径（以英寸为单位）以管子的孔径表示，螺距以每英寸的螺纹牙数表示，常用于低压条件下工作的管子连接。高压条件下工作的管子连接应采用圆锥管螺纹，它与圆柱管螺纹相似，但螺纹分布在锥度为 1:16 的圆锥管壁上。

矩形螺纹的效率高，多用于传动。但对中性差，牙根强度低，精确制造有困难。梯形螺纹的效率虽较矩形螺纹低，但加工方便，对中性好，牙根强度高，故广泛用于传动。锯齿形螺纹兼有矩形螺纹效率高和梯形螺纹牙根强度高的优点，但只能用于承受单向载荷的传动。

在上述各种螺纹中，除矩形螺纹无标准外，其他几种螺纹都已标准化。

9.1.2 螺纹连接

1. 螺纹连接的基本类型

螺纹连接是利用螺纹连接件将被连接件连接起来而构成的一种可拆连接，在机械中应用较广。它结构简单，工作可靠，装拆方便。螺纹连接的类型很多，设计时可根据装拆的次数、被连接件的厚度和强度以及机构的尺寸等具体条件来选用。常用的螺纹连接有4种基本类型：螺栓连接、双头螺柱连接、螺钉连接和紧定螺钉连接。

（1）螺栓连接。螺栓连接有普通螺栓连接和铰制孔用螺栓连接两种。

普通螺栓连接由螺栓、螺母和垫圈组成。如图9-4（a）所示，将螺栓穿过被连接件上的通孔，套上垫圈之后，拧紧螺母即可把两个零件连接在一起。在工作的时候，螺栓主要承受轴向载荷。这种连接的特点是在螺栓与被连接件上的通孔之间留有间隙，因此在被连接件上只需钻出通孔，而不必加工出螺纹。由于通孔加工方便且精度要求低，结构简单，装拆方便，因此，普通螺栓连接是工程上应用较为广泛的一种连接方式。一般用于被连接的两个零件厚度不大，容易钻出通孔，并能从两边进行装配的场合。

铰制孔用螺栓连接由螺栓和螺母组成。如图9-4（b）所示，螺栓穿过被连接件上的铰制孔并与之过渡配合，与螺母组合使用。螺栓杆的外径与螺栓孔的内径具有同一基本尺寸，所以，螺栓杆与螺栓孔之间没有间隙，对孔的加工精度要求较高。这类螺栓适用于承受垂直于螺栓轴线方向的横向载荷，或者需要准确固定被连接件相互位置的场合。

（2）双头螺柱连接。双头螺柱连接由双头螺柱、螺母和垫圈组成。如图9-5所示，在进行连接的时候，将双头螺柱的一端旋入较厚的被连接件上的螺纹孔中并固定，再套上另一个被连接件，然后放上垫圈，拧紧螺母即可实现连接。

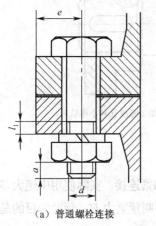

（a）普通螺栓连接　　　　（b）铰制孔用螺栓连接

图9-4　螺栓连接

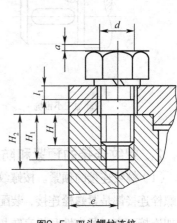

图9-5　双头螺柱连接

双头螺柱连接多用于被连接的两个零件之一较厚不能钻成通孔，或者为了结构紧凑不允许钻成通孔的盲孔连接。在拆卸的时候只需拧出螺母，取下垫圈即可，而不必拧出双头螺柱。因此，采用这种连接允许多次拆卸而不会损坏被连接件上的螺纹孔。

（3）螺钉连接。螺钉连接大多用于被连接的两个零件之一较厚、受力不大且不经常拆卸的场合，这是一种只需螺钉不用螺母的连接。因此，在结构上比双头螺柱简单、紧凑。

被连接件之一较薄并加工有通孔，另一个被连接件较厚并加工有螺纹孔。在连接时，将螺钉穿过通孔，并用改锥插入螺钉头部的改锥槽中，再用力拧动改锥，将螺钉杆部的螺纹旋入螺纹孔内，并依靠螺钉的头部压紧被连接件，从而实现两个被连接件之间的连接，如图9-6所示。

但是，螺钉连接不宜经常拆卸，否则会使被连接件的螺纹孔磨损，修复起来比较困难，从而可能导致被连接件的报废。

（4）紧定螺钉连接。上述几种连接类型都是利用旋紧螺纹产生的轴向压力，压紧在被连接件上，起到固定作用的。而紧定螺钉不同，它是用其端部紧压在被连接件的表面，或顶入相应的小孔、坑中，使得两个被连接件之间

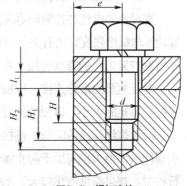

图9-6　螺钉连接

不能产生相对运动。所以，紧定螺钉连接用于固定两个被连接件的相对位置。

在工程应用中，紧定螺钉连接大多用于轮毂与轴之间的固定，并可传递不大的力或转矩。通常在轴上加工出小锥坑，如图 9-7（a）所示；在轮的轮毂上加工出螺纹孔，如图 9-7（b）所示。在连接的时候，将轮套在轴上，再将紧定螺钉拧入轮毂上的螺纹孔内，并用其锥形端部紧压在轴上的小锥坑内，如图 9-7（c）所示，从而使得轮毂与轴之间不能产生相对运动，固定了两者的相对位置。

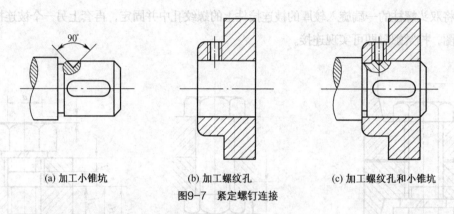

(a) 加工小锥坑   (b) 加工螺纹孔   (c) 加工螺纹孔和小锥坑

图9-7 紧定螺钉连接

2. 螺纹连接的预紧和防松

（1）螺纹连接的预紧。按螺纹连接装配时是否拧紧，分为松连接和紧连接。实际使用中绝大多数螺栓连接都是紧螺栓连接，装配时需要拧紧，此时螺栓所受的轴向力叫预紧力 F'。预紧的目的是增加连接刚度、紧密性和提高防松能力。

对于预紧力大小的控制，一般螺栓连接可凭经验控制，重要螺栓连接，通常要采用测力矩扳手或定力矩扳手来控制。对于常用的钢制 M10～M68 的粗牙普通螺纹，拧紧力矩 T 的经验公式为：

$$T \approx 0.2F'd \tag{9.2}$$

式中，T——拧紧力矩，N·mm；

    F'——预紧力，N；

    d——螺纹的公称直径，mm。

直径小的螺栓在拧紧时容易过载被拉断，因此对于重要的螺栓连接不宜选用小于 M10～M14 的螺栓（与螺栓强度级别有关）。为避免拧紧应力过大降低螺栓强度，在装配时应控制拧紧力矩。对于不控制拧紧力矩的螺栓连接，在计算时应该取较大的安全系数。

对于重要的螺栓连接，应根据连接的紧密要求、载荷性质、被连接件刚度等工作条件，决定所需拧紧力矩的大小，以便装配时控制。

（2）螺纹连接的防松。连接用螺纹标准件都能满足自锁条件。拧紧螺母后，螺母与被连接件支承面间的摩擦力也有助于防止螺母松脱。若连接受静载荷并且温度变化不大，连接螺母一般不会自行松脱。如果温度变化较大，承受振动或冲击载荷等都会使连接螺母逐渐松脱。螺母松动的后果有时是相当严重的，如引起机器的严重损坏，导致重大的人身事故等。所以设计时必须按照工作条件、工作可靠性、结构特点等考虑设置防松装置，螺纹防松装置是为了防止螺纹副产生相对运动，按其原理可分为3类。

① 利用摩擦力防松。采用各种结构措施使螺纹副中的摩擦力不随连接的外载荷波动而变化，保持较大的防松摩擦阻力矩。

（a）弹簧垫圈防松：如图9-8（a）所示，拧紧螺母，弹簧垫圈被压平后，其弹力使螺纹副在轴向上张紧，而且垫圈斜口方向也对螺母起防松作用。这种防松方法结构简单，使用方便，但垫圈弹力不均，因而防松也不十分可靠，一般多用于不太重要的连接。

（b）双螺母防松：如图9-8（b）所示，两个螺母对顶拧紧，螺杆旋合段受拉而螺母受压，使螺纹副轴向张紧，从而达到防松的目的。这种防松方法用于平稳、低速和重载的连接。其缺点是在载荷剧烈变化时不十分可靠，而且螺杆加长，增加一个螺母，结构尺寸变大，增加了重量也不经济。

（c）自锁螺母防松：如图9-8（c）所示，在螺母上端开缝后径向收口，拧紧胀开，靠螺母弹性锁紧，达到防松的目的。它简单、可靠，可多次装拆而不降低防松能力，一般用于重要场合。

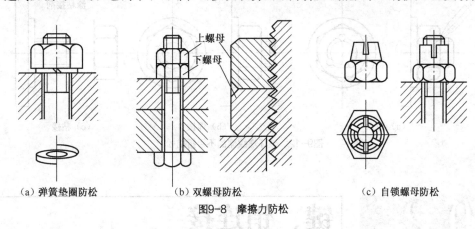

上螺母
下螺母

（a）弹簧垫圈防松　　　　　　（b）双螺母防松　　　　　　（c）自锁螺母防松

图9-8　摩擦力防松

② 机械防松：利用防松零件控制螺纹副的相对运动。

（a）槽形螺母与开口销防松：如图9-9所示，将螺母拧紧后，把开口销插入螺母槽与螺栓尾部孔内，并将开口销尾部扳开，阻止螺母与螺栓的相对转动。它防松可靠，一般用于受冲击或载荷变化较大的连接。

（b）止动垫圈防松：如图9-10所示，图9-10（a）所示为单耳止动垫圈，一边弯起贴在螺母的侧面上，另一边弯下贴在被连接件的侧壁上，这种连接防松可靠。图9-10（b）所示为圆螺母用止动垫圈，将内舌插入轴上的槽中，外舌之一弯起到圆螺母的缺口中，用于轴上螺纹的防松。

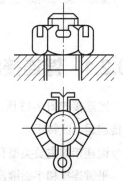

图9-9　槽形螺母与开口销防松

（c）串联钢丝防松：如图9-11所示，将钢丝插入各螺钉头部的孔内，使其相互制约，达到防松的目的。一般用于螺钉组的连接，连接可靠，但装拆不便。

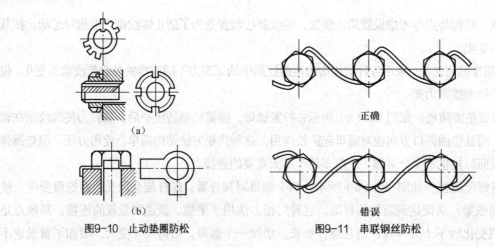

（a）

（b）

图9-10 止动垫圈防松

正确

错误

图9-11 串联钢丝防松

③ 破坏螺纹副的不可拆防松：如图 9-12 所示，在螺母拧紧后，采用冲点、焊接、粘接等方法，使螺纹连接不可拆卸，这种方法一般用于永久性连接，方法简单可靠。

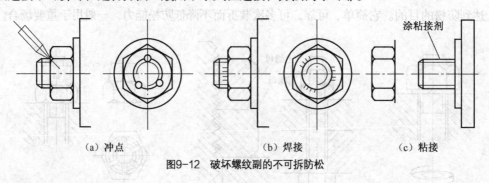

涂粘接剂

（a）冲点　　　　　　　　　　（b）焊接　　　　　　　　（c）粘接

图9-12 破坏螺纹副的不可拆防松

9.2　键、销连接

9.2.1　键连接的类型和应用

键连接如图 9-13 所示，是一种应用很广泛的可拆连接，主要用于轴与轴上零件的周向相对固定，以传递运动或转矩。

键连接的主要类型有：平键连接、半圆键连接、楔键连接和切向键连接。

平键连接和半圆键连接为松键连接，楔键连接和切向键连接为紧键连接。

常用的平键有普通平键和导向平键两种。普通平键连接是平键中最主要的形式。普通平键可分为 A 型、B 型和 C 型 3 种，如图 9-14 所示。

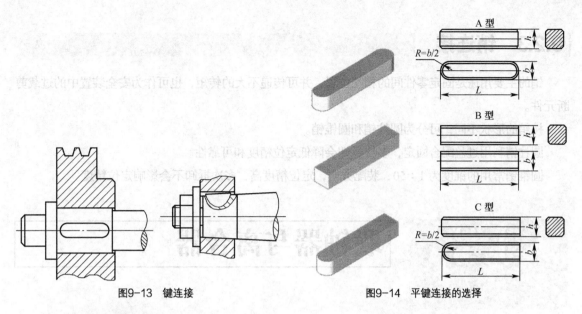

图9-13 键连接　　　　　　　　　　　　图9-14 平键连接的选择

1. 键的类型选择

选择键的类型主要应考虑的因素有：传递转矩的大小；对中性的要求；轮毂是否需要沿轴向滑移及滑移距离的大小；键在轴的中部还是端部等。

2. 键的尺寸选择

平键的主要尺寸为键宽 b、键高 h 和键长 L。设计时，根据轴的直径 d 从国家标准（GB 1096—1979）中选择平键的宽度 b 和高度 h；键的长度 L 略小于轮毂的长度（一般比轮毂长度短 5～10mm），并符合标准中规定的长度系列。

9.2.2 花键连接

如果使用一个平键，不能满足轴所传递扭矩的要求时，可在同一轴毂连接处均匀布置 2 个或 3 个平键。而且由于载荷分布不均的影响，在同一轴毂连接处均匀布置 2 个或 3 个平键时，只相当于 1.5 或 2 个平键所能传递的扭矩。显然，键槽越多，对轴的削弱就越大。如果把键和轴做成一体就可以避免上述缺点。多个键与轴做成一体就形成了花键，图 9-15 所示为花键实物。

图9-15 花键实物

9.2.3 销连接

销的主要用途是固定零件间的相互位置，并可传递不大的转矩，也可作为安全装置中的过载剪断元件。

按销的形状不同，可分为圆柱销和圆锥销。

圆柱销利用过盈配合固定，多次拆卸会降低定位精度和可靠性。

圆锥销常用的锥度为1∶50，装配方便，定位精度高，多次拆卸不会影响定位精度。

9.3 联轴器与离合器

联轴器和离合器都是用来连接两轴，使两轴一起转动并传递转矩的装置。不同的是，联轴器只能保持两轴的接合，而离合器却可在机器的工作中随时完成两轴的接合和分离。

9.3.1 联轴器

1. 联轴器的功用

联轴器是把不同部件的两根轴连接成一体，以传递运动和转矩的机械传动装置。由于制造、安装的误差，机器运转时零件的受载变形，基础下沉，回转零件的不平衡，温度的变化和轴承的磨损等因素，两轴线的位置会发生偏移，不能严格保持对中。轴线的各种可能偏移如图 9-16 所示。

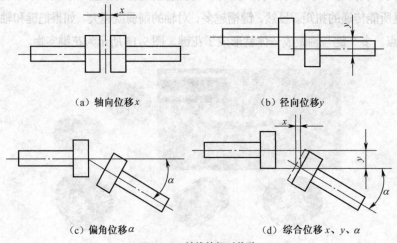

（a）轴向位移 x （b）径向位移 y

（c）偏角位移 α （d）综合位移 x、y、α

图9-16 轴线的相对偏移

2. 联轴器的分类及应用

联轴器的种类很多，按被连接两轴的相对位置是否有补偿能力，联轴器分为固定式和可移式两种。固定式联轴器用在两轴轴线严格对中，并在工作时不允许两轴有相对位移的场合。可移式联轴器允许两轴线有一定的安装误差，并能补偿被连接两轴的相对位移和相对偏斜。可移式联轴器按补偿位移方法的不同，分为两类：利用联轴器工作零件之间的间隙和结构特性来补偿的称为刚性可移式联轴器；利用联轴器中弹性元件的变形来补偿的称为弹性可移式联轴器。弹性可移式联轴器简称为弹性联轴器，刚性可移式联轴器和固定式联轴器统称为刚性联轴器。

（1）固定式联轴器。

① 凸缘联轴器由两个带凸缘的半联轴器分别用键与两轴连接，并用螺栓将两个半联轴器组成一体，如图9-17所示。图9-17（a）中两个半联轴器采用普通螺栓连接，螺栓与螺栓孔间有间隙，依靠联轴器两圆盘接触面间的摩擦传递转矩，用凸肩和凹槽对中；图 9-17（b）中两个半联轴器是采用铰制孔螺栓连接，用铰制孔螺栓对中，靠螺栓承受剪切和挤压来传递转矩，因而传递的转矩较大，但要铰孔，加工复杂。凸缘联轴器结构简单，使用方便，可传递较大转矩，是固定式联轴器中应用最广泛的一种。

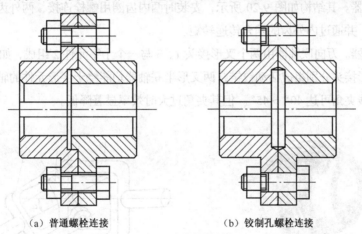

（a）普通螺栓连接　　　　　　　（b）铰制孔螺栓连接

图9-17 凸缘联轴器

② 夹壳联轴器是用两个半圆筒形夹壳通过拧紧螺栓产生的预紧力使夹壳与两轴连接，从而形成一体。它靠夹壳与轴之间的摩擦力来传递转矩。

③ 套筒联轴器是用键或销钉将套筒与两轴连接起来，以传递转矩，如图9-18 所示。该联轴器结构简单，加工容易，径向尺寸小，但装拆时需要一轴作做轴向移动。一般用于两轴直径小、同轴度要求较高、载荷不大、工作平稳的场合。

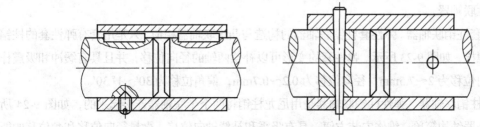

图9-18 套筒联轴器

（2）可移式联轴器。

① 刚性可移式联轴器可补偿被连接两轴的相对位移量，但无弹性元件，不能缓冲和减震。所以只用于低速、轻载的场合。

② 十字滑块联轴器。如图 9-19 所示，十字滑块联轴器是由两个开有凹槽的半联轴器和一个两面都有凸牙的中间滑块组成的。

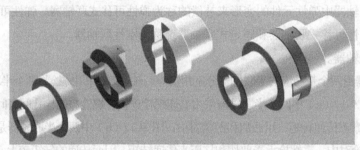

图9-19 十字滑块联轴器

③ 齿式联轴器。其结构如图 9-20 所示，安装时两内齿圈用螺栓连接，两外齿轮轴套用过盈配合和键与轴连接，并通过内外齿的啮合传递转矩。

④ 万向联轴器。万向联轴器由两个叉形接头 1、3 与一个十字元件 2 组成，如图 9-21 所示。十字元件与两个叉形接头分别组成活动铰链，两叉形半联轴器均能绕十字形元件的轴线转动，从而使联轴器两轴的轴线夹角可达 40°～45°。但其夹角过大时效率显著降低。

图9-20 齿式联轴器

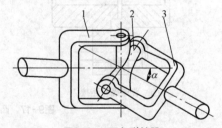

图9-21 万向联轴器

万向联轴器使用时，为避免主动轴以等角速度转动而引起附加动载荷，常将万向联轴器成对使用，如图 9-22 所示。双万向联轴器安装时必须满足：

（a）主动轴、从动轴与中间轴的夹角必须相等；

（b）中间轴两端的叉形平面必须位于同一平面内。

（3）弹性联轴器。

① 弹性套柱销联轴器。弹性套柱销联轴器的构造与凸缘联轴器相似，只是用套有弹性套的柱销代替了连接螺栓，如图 9-23 所示。弹性套的变形可以补偿两轴的径向位移，并且具有缓冲和吸震作用。允许轴向位移为 2～7.5mm，径向位移为 0.2～0.7mm，偏角位移为 30′～1°30′。

② 弹性柱销联轴器。弹性柱销联轴器是用尼龙柱销将两个半联轴器连接起来的，如图 9-24 所示。这种联轴器结构简单，维修安装方便，具有吸震和补偿轴向位移、微量径向位移和角位移的能

力。其允许径向位移为 0.1～0.25mm。弹性柱销与弹性套柱销联轴器均可用于经常正反转、启动频繁、转速较高的场合。

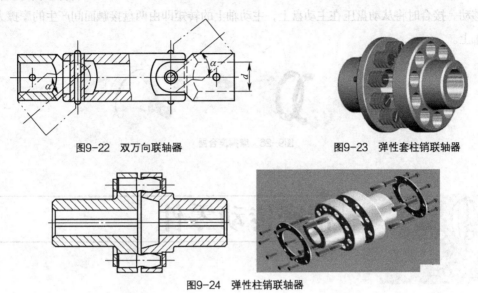

图9-22　双万向联轴器　　　　　　　图9-23　弹性套柱销联轴器

图9-24　弹性柱销联轴器

9.3.2　离合器

离合器应使机器不论在停止还是在运转中都能随时接合或分离，而且迅速可靠。

离合器按其工作原理主要分为牙嵌式、摩擦式两类。

1. 牙嵌式离合器

牙嵌式离合器的结构如图 9-25 所示，它是由两个端面带牙的半离合器组成的。主动半离合器用平键与主动轴连接，从动半离合器用导向键（或花键）与从动轴连接。主动半离合器上安装有对中环，以保证两个半离合器对中。操纵时，通过操纵杆移动滑环，使两个半离合器的牙面嵌入（接合）或分开（分离）。

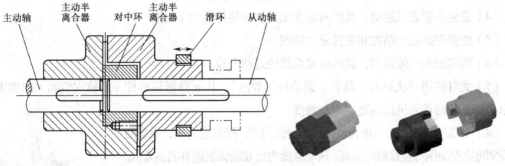

主动轴　主动半离合器　对中环　主动半离合器　滑环　从动轴

图9-25　牙嵌式离合器

2. 摩擦离合器

摩擦离合器是靠摩擦盘接触面间产生的摩擦力来传递转矩的。摩擦式离合器可在任何转速下实现两轴的接合或分离；接合过程平稳，冲击振动较小；有过载保护作用。但缺点是尺寸较大，在接合或分离过程中要产生滑动摩擦，故发热量大，磨损较大。

图 9-26 所示为单片摩擦离合器。在主动轴和从动轴上分别安装了摩擦盘，操纵环可以使摩擦盘沿轴向移动。接合时将从动盘压在主动盘上，主动轴上的转矩即由两盘接触面间产生的摩擦力矩传到从动轴上。

图9-26　摩擦离合器

9.4 精密传动零件

9.4.1 直线滚动导轨

直线滚动导轨副是在滑块与导轨之间放入适当的钢球，使滑块与导轨之间的滑动摩擦变为滚动摩擦，大大降低二者之间的运动摩擦阻力，从而获得如下优点。

（1）动、静摩擦力之差很小，随动性极好，即驱动信号与机械动作滞后的时间间隔极短，有益于提高数控系统的响应速度和灵敏度。

（2）驱动功率大幅度下降，只相当于普通机械的十分之一。

（3）与 V 型十字叉滚子导轨相比，摩擦阻力可下降约 40 倍。

（4）适应高速直线运动，其瞬时速度比滑块导轨提高约 10 倍。

（5）能实现高定位精度和重复定位精度。

（6）能实现无间隙运动，提高机械系统的运动刚度。

（7）成对使用导轨副时，具有"误差均化效应"，从而降低基础件（导轨安装面）的加工精度要求，降低基础件的机械制造成本与难度。

（8）导轨副滚道截面采用合理化值的圆弧沟槽，接触应力小，承载能力及刚度比平面钢球点接触时提高，滚动摩擦力比双圆弧滚道有明显降低。

（9）导轨采用表面硬化处理，使导轨具有良好的可校性，芯部保持良好的机械性能。

（10）简化了机构结构的设计和制造。

图 9-27 所示为直线滚动导轨。

图9-27　直线滚动导轨

9.4.2 滚珠丝杠

滚珠丝杠有如下特性。

1. 运动可逆性

逆传动效率几乎与正传动效率相同，既可将回转运动变成直线运动，又可将直线运动变成回转运动，以满足一些特殊传动的平稳性与灵敏性。

2. 系统刚度高

通过给螺母组件施加预压来获得较高的系统刚度，以满足各种机械传动的要求，无爬行现象，始终保持运动的平稳性与灵敏性。

3. 传动精度高

滚珠丝杠副经过淬硬并精磨螺纹滚道，具有很高的进给精度。由于摩擦小，丝杠副工作时的温升变形小，容易获得较高的定位精度。

4. 传动效率高

效率高达 90%～95%，耗费的动力仅为滑动丝杠的 1/3，可使驱动电机乃至机械整体小型化。

5. 使用寿命长

钢球是在淬硬的滚道上做滚动运动，磨损极小，长期使用后仍能保证精度，工作寿命长，具有很高的可靠性，寿命一般要比滑动丝杠高 5～6 倍。

6. 应用范围广

滚珠丝杠由于其独特的性能而被广泛采用，已成为数控机床、精密机械、各种机械设备及各种机电一体化产品中不可缺少的重要元件。

1. 连接。连接是将两个或两个以上的零件组合成一体的结构。

2. 螺纹的主要参数。大径 d、小径 d_1、升角 λ、中径 d_2、螺距 P、导程 S、导程与螺距的关系 $S = nP$，式中 n 为螺纹线数。

3. 螺纹连接的基本类型及预紧和防松。基本类型有螺栓连接、双头螺柱连接、螺钉连接、紧钉螺钉连接等。螺纹连接预紧的目的是增加连接刚度、紧密性和提高防松能力。螺纹防松装置是为防止螺纹副产生相对运动，按其原理可分为 3 类：利用摩擦力防松、机械防松、破坏螺纹副的不可拆防松。

4. 键、销的连接。键连接是将轴与轴上的传动零件连接在一起，实现轴和轴上零件之间的周向固定，以传递转矩的轮毂连接。销主要是固定零件间的相互位置，并可传递不大的转矩，也可作为安全装置中的过载剪断元件。

5. 联轴器和离合器。联轴器和离合器主要用于不同部件之间的轴与轴或轴与其他回转零件之间的连接，使它们共同转动以传递运动和扭矩。联轴器和离合器是机械传动中的通用部件，而且大部分已经标准化。在实际应用中，应尽量按标准选取。

1. 螺纹的主要参数有哪些？螺距与导程有何不同？

2. 常用螺纹有哪些类型？其中哪些用于连接，哪些用于传动？

3. 螺纹连接的基本类型有哪些？各用于何种场合？有什么特点？

4. 为什么大多数螺纹连接都要预紧？预紧力如何控制？

5. 螺纹连接为什么要考虑防松问题？常用的防松方法有哪些？

6. 键连接有哪些类型？它们是怎样工作的？

7. 在工程实际中，一般采用左螺纹还是右螺纹？

8. 普通平键的截面尺寸和长度如何确定？如果一根轴上有两个键，应该怎样布置？

9. 联轴器和离合器有何功用？试比较它们的异同点。

第四篇

|生产项目综合实训|

通过生产项目综合实训，巩固、加深所学知识，培养分析和解决实际问题的能力。

本篇主要是通过对典型机械传动装置设计实例的训练，使学生讲所学的有关机械设计的理论知识和技能综合运用。这一过程要求学生应将所设计的内容当成是"现场设计"——设计出来的产品要能在实际中使用，从而培养学生工程设计的能力。

第10章

| 生产项目——减速器 |

【学习目标】

1. 综合运用机械设计基础课程的理论和实际知识，开展实践训练。巩固、加深所学知识，培养分析和解决实际问题的能力。

2. 通过对通用机械零件和机械传动装置的设计训练，学习、掌握机械设计的一般方法与步骤，培养学生工程设计能力。

3. 通过选材、计算、绘图、公差确定、运用资料、熟悉规范等实践，培养机械设计的基本技能。

减速器的类型和构造

减速器的种类很多，如图 10-1 所示。常用的齿轮及蜗杆减速器按其传动及结构特点，大致可分为 3 类。

（1）齿轮减速器：主要有圆柱齿轮减速器、圆锥齿轮减速器和圆锥—圆柱齿轮减速器3种。

（2）蜗杆减速器：主要有圆柱蜗杆减速器、圆弧齿蜗杆减速器、蜗杆—齿轮减速器等。

（3）行星减速器：主要有渐开线行星齿轮减速器、摆线针轮减速器和谐波齿轮减速器等。

（a）单级圆柱齿轮减速器

（b）分流式双级圆柱齿轮减速器

（c）同轴式双级圆柱齿轮减速器

（d）圆锥减速器

（e）蜗杆减速器

（f）圆锥—圆柱齿轮减速器

图10-1 减速器的类型

10.1.1 常用减速器的主要类型、特点和应用

1. 齿轮减速器

齿轮减速器按减速齿轮的级数可分为单级、二级、三级和多级减速器几种；按轴在空间的相互配置方式可分为立式和卧式减速器两种；按运动简图的特点可分为展开式、同轴式和分流式减速器等。单级圆柱齿轮减速器的最大传动比一般为 8～10，作此限制主要为避免外廓尺寸过大。若要求传动比 $i > 10$ 时，就应采用二级圆柱齿轮减速器。

二级圆柱齿轮减速器应用于传动比范围一般为8～50及高、低速级的中心距总和为250～400mm的情况下。三级圆柱齿轮减速器，用于要求传动比较大的场合。圆锥齿轮减速器和二级圆锥—圆柱齿轮减速器，用于需要输入轴与输出轴成 90°配置的传动中。因大尺寸的圆锥齿轮较难精确制造，所以圆锥—圆柱齿轮减速器的高速级总是采用圆锥齿轮传动以减小其尺寸，提高制造精度。齿轮减速器的特点是效率高、寿命长、维护简便，因而应用极为广泛。

2. 蜗杆减速器

蜗杆减速器的特点是在外廓尺寸不大的情况下可以获得很大的传动比，同时工作平稳、噪声较小，但缺点是传动效率较低。蜗杆减速器中应用最广的是单级蜗杆减速器。

单级蜗杆减速器根据蜗杆的位置可分为上置蜗杆、下置蜗杆及侧蜗杆3种，其传动比范围一般为：10～70。设计时应尽可能选用下置蜗杆的结构，以便于解决润滑和冷却问题。

3. 蜗杆—齿轮减速器

这种减速器通常将蜗杆传动作为高速级，因为高速时蜗杆的传动效率较高。它适用的传动比为 50～130。

10.1.2　减速器传动比的分配

由于单级齿轮减速器的传动比最大不超过 10，当总传动比要求超过此值时，应采用二级或多级减速器。此时就应考虑各级传动比的合理分配问题，否则将影响到减速器外形尺寸的大小、承载能力能否充分发挥等。根据使用要求的不同，可按下列原则分配传动比。

（1）使各级传动的承载能力接近于相等。

（2）使减速器的外廓尺寸和质量最小。

（3）使传动具有最小的转动惯量。

（4）使各级传动中大齿轮的浸油深度大致相等。

10.1.3　减速器的结构

图 10-2 所示为单级圆柱齿轮减速器结构图。其基本结构有 3 大部分。

1. 箱体

减速器箱体的作用是支承轴系零件，固定轴系的同时位置，保证轴系运转精度；箱体内装有润滑轴系的润滑油，因此箱体必须是密封防尘的，同时要使箱体内与箱体外的大气压平衡。因此减速器箱体的重要质量指标是整体刚度和稳定性、密封性。大批量生产的减速器箱体常常采用铸造方法制作，铸造的材料通常是价廉的普通灰铸铁、球墨铸铁与变性灰铸铁等，在有较高强度和刚度要求时使用铸钢。在某些场合为了使机器的重量尽可能轻，也有使用铝合金制作箱体的。如果生产的批量较小，则多数采用焊接的方式来制作箱体。

图10-2　减速器结构图

减速器的箱体受力情况较复杂，常常会受到较大的弯曲和扭转应力作用，因此如何在不大幅度增加重量的情况下提高箱体的刚度就显得很关键。在箱体外设计肋板是很有效的提高刚度的办法，但采用肋板使箱体的加工工艺变得更加复杂。

铸造工艺方面的要求是箱体形状力求简单，易于造型和拔模，壁厚均匀，过渡平缓，金属不要局部积聚等。箱体设计时在机械加工工艺方面应尽量减少加工面积，以提高生产率和减少刀具的磨损；还应尽量减少工件和刀具的调整次数，以提高加工精度和节省加工时间，例如同一轴上的两个轴承座孔直径应尽量相同。

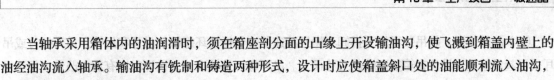

当轴承采用箱体内的油润滑时，须在箱座剖分面的凸缘上开设输油沟，使飞溅到箱盖内壁上的油经油沟流入轴承。输油沟有铣制和铸造两种形式，设计时应使箱盖斜口处的油能顺利流入油沟，并经轴承盖的缺口流入轴承。

2. 齿轮、轴及轴承组合

（1）齿轮。由于齿轮传动具有传动效率高、传动比恒定、结构紧凑、工作可靠等优点，减速器都采用齿轮传动。减速器大部分采用闭式齿轮传动，只有部分农业和建筑机械才采用开式齿轮传动。减速器齿轮常采用的材料有锻钢、铸钢、铸铁、非金属材料等。一般用途的齿轮常采用锻钢，经热处理后切齿，用在高速、重载或精密仪器的齿轮还要进行磨齿等精加工；当齿轮的直径较大时采用铸钢；工作平稳速度较低、传动功率不大时用铸铁；高速轻载和精度要求不高时常采用非金属材料制作齿轮。

（2）轴。减速器中的齿轮或蜗轮蜗杆，需要安装在轴上。减速器中的轴都是直轴，并且为了轴上零件安装定位的方便大多数是阶梯轴，当齿轮和高速轴的轴径相差不大时，常常制成齿轮轴。根据轴所受载荷的性质，轴可分为 3 类：只承受弯矩而不承受扭矩的称为心轴，例如二级圆柱齿轮减速器中的中间轴；既承受弯矩又承受扭矩的轴称为转轴，例如减速器中的输入和输出轴；主要承受扭矩的轴称为传动轴。

轴的设计一般应满足轴的强度和刚度要求，对于高速运转的轴还要注意振动稳定性的问题。轴的结构设计应满足以下几点：首先要保证轴和轴上零件有确定的工作位置；轴上零件应便于装拆和调整；轴应具有良好的制造工艺性。轴的材料一般采用碳钢和合金钢。

（3）轴承。减速器中的轴通过轴承支承在箱体的轴承座上。由于减速器的空间有限所以常采用滚动轴承而不采用滑动轴承，采用的轴承通常有向心轴承和向心推力轴承。根据轴承所受载荷的大小、方向和性质选择轴承的类型。

3. 减速器附件

（1）窥视孔和视孔盖。窥视孔应开在箱盖顶部，以便于观察传动零件啮合区的情况。可由孔注入润滑油，孔的大小应该足够大，以便进行检查操作。窥视孔应设凸台便于加工。视孔盖可用铸铁、钢板或有机玻璃制成。孔与盖之间加有密封垫片。

（2）油标。油标用来指示油面高度，一般安置在低速级附近的油面稳定处。油标形式有油标尺、管状油标、圆形油标等。常用的是带有螺纹部分的油标尺。油标尺的安装位置不能太低，以防油从该处溢出。油标座孔的倾斜位置要保证油标尺便于插入和取出。

（3）放油孔和油孔螺塞。工作一段时间后，减速箱中的润滑油需要进行更换。为使减速箱中的污油能顺利排放，放油孔开在油池的最低处，油池底面有一定斜度。放油孔座应设凸台，螺塞与凸台之间应有油圈密封。

（4）通气器。减速器工作时由于轮齿啮合摩擦会产生热量，热量使箱内的空气受热膨胀，通气器能使箱内受热膨胀的气体排出，以便箱内外气压平衡，避免密封处渗漏。通气器一般安放在箱盖顶部或视孔盖上，要求不高时，可用简易的通气器。

（5）起吊装置。起吊装置用于拆卸和搬运减速器，包括吊环螺钉、吊耳和吊钩。吊环螺钉或吊耳用于起吊箱盖，设计在箱盖两端的对称面上。吊环螺钉是标准件，设计时应有加工凸台，便于机械加工。吊耳可在箱盖上直接铸出。

吊钩用于吊运整台减速器，在箱座两端的凸缘下面铸出。

（6）定位销。定位销用来保证箱盖与箱座连接以及轴承座孔的加工和装配精度。一般用两个圆锥销安置在连接凸缘上，距离较远且不对称布置，以提高定位精度。定位销长度要大于连接凸缘的总厚度，定位销孔应为通孔，以便于装拆。

（7）起盖螺钉。在拆卸箱体时，起盖螺钉用于顶起箱盖。它安置在箱盖凸缘上，其长度应大于箱盖连接凸缘的厚度，下端部做成半球形或圆柱形，以免在旋动时损坏螺纹。

减速器实例分析

下面通过对图 10-3 所示带式运输机传动装置的设计介绍，说明简单机械传动装置设计的主要内容、步骤及基本过程。

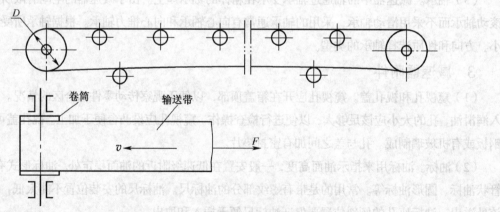

图10-3　带式运输机传动装置

原始条件和数据：运输机为两班连续单向运转，空转起动，载荷变化不大；室内工作，有粉尘，环境温度30℃左右；使用期限8年，4年一次大修；动力来源为三相交流电；传动装置由中等规模机械厂小批量生产。

已知输送带的有效拉力 $F = 2\,600\text{N}$，卷筒的直径 $D = 450\text{mm}$，输送带的速度 $v = 1.6\text{m/s}$，卷筒效率为 0.96。载荷平稳。

10.2.1 传动装置的总体设计

传动装置总体设计主要包括分析和拟定传动方案、选定电动机类型和型号、确定总传动比和各级传动比、计算各轴转速和转矩等。

1. 分析和拟定传动方案

本例传动装置可以有多种传动方案。图 10-4 所示为带式输送机的 4 种传动方案。方案（a）结构最紧凑，但由于蜗杆传动效率较低，功率损失较大；方案（b）的宽度尺寸较方案（c）小，但圆锥齿轮加工比圆柱齿轮困难；方案（d）的长度和宽度尺寸较大，但能发挥带传动的过载保护作用。由于工作载荷不大，室内环境、布局没有严格限制，所以采用 10-4（d）所示的 V 带传动一级减速器的组合传动方案，将带传动放在高速级，既可缓冲吸振又能减小传动的尺寸。

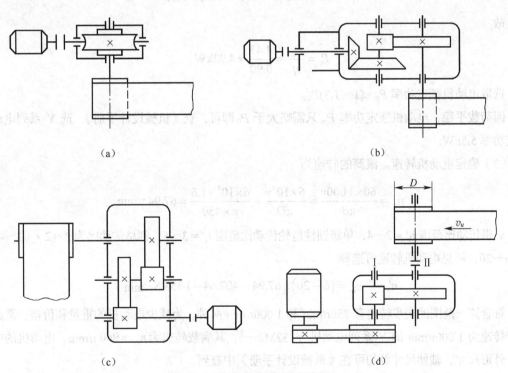

图 10-4 带式输送机的 4 种传动方案

2. 选择电动机

（1）选择电动机的类型。按已知工作要求和条件，选用 Y 型全封闭笼型三相异步电动机。

（2）选择电动机功率。工作机所需功率 P_W：

$$P_w = \frac{F \cdot v}{1\,000\eta_w} \tag{10.1}$$

式中，$F = 2\,600\mathrm{N}$，$v = 1.6\mathrm{m/s}$，工作机的效率 $\eta_\mathrm{w} = 0.94 \sim 0.96$。

对皮带运输机，取 $\eta_\mathrm{w} = 0.94$。

代入式（10.1）得

$$P_\mathrm{W} = \frac{F \cdot v}{1\,000\eta_\mathrm{w}} = \frac{2\,600 \times 1.6}{1\,000 \times 0.94} = 4.43\mathrm{kW}$$

电动机的输出功率 P_0 为

$$P_0 = \frac{P_\mathrm{W}}{\eta}\mathrm{kW} \tag{10.2}$$

式中，η 为电动机至滚筒轴的传动装置的总效率。

取 V 带传动效率 $\eta_带 = 0.96$；滚动轴承效率 $\eta_滚 = 0.995$；齿轮传动效率 $\eta_齿 = 0.97$；十字滑块联轴器效率 $\eta_联 = 0.98$，则

$$\eta = 0.96 \times 0.97 \times 0.995^2 \times 0.98 = 0.90$$

故

$$P_0 = \frac{P_\mathrm{W}}{\eta} = \frac{4.43}{0.90} = 4.92\mathrm{kW}$$

选取电动机额定功率 $P_\mathrm{m} = (1 \sim 1.3)P_0$。

因荷载平稳，电动机额定功率 P_m 只需略大于 P_0 即可，查《机械设计手册》，选 Y 系列电动机额定功率 5.5kW。

（3）确定电动机转速。滚筒的转速为

$$n_\mathrm{w} = \frac{60 \times 1\,000v}{\pi d} = \frac{6 \times 10^4 v}{\pi D} = \frac{6 \times 10^4 \times 1.6}{\pi \times 450} = 67.94\,\mathrm{r/min}$$

V 带传动比范围 $i_1' = 2 \sim 4$，单级圆柱齿轮传动比范围 $i_1' = 3 \sim 5$，则总传动比为 $i' = 2 \times (3 \sim 4) \times 5 = 6 \sim 20$，可见电动机转速可选择

$$n' = i' \cdot n_\mathrm{w} = (6 \sim 20) \times 67.94 = 407.64 \sim 1\,358.8\,\mathrm{r/min}$$

符合这一范围的同步转速有 750r/min 和 1 000r/min 两种，为减少电动机的重量和价格，常选用同步转速为 1 000r/min 的 Y 系列电动机 Y132M2—6，其满载转速为 $n_\mathrm{m} = 960\,\mathrm{r/min}$。电动机的中心高、外形尺寸、轴伸尺寸等均可在《机械设计手册》中查到。

3. 计算传动装置总传动比并分配各级传动比

（1）传动装置的总传动比

$$i = \frac{n_\mathrm{m}}{n_\mathrm{w}} = \frac{960}{67.94} = 14.13$$

（2）分配各级传动比

由 $i = i_带 \cdot i_齿$，为使 V 带传动的外部尺寸不致过大，取传动比 $i_带 = 3$，则 $i_齿$ 为

$$i_{齿} = \frac{i}{i_{带}} = \frac{14.13}{3} = 4.71$$

4. 计算传动装置的运动参数和动力参数

（1）各轴转速

I 轴
$$n_{I} = \frac{n_m}{i_{带}} = \frac{960}{3} = 320 \, (r \cdot min^{-1})$$

II 轴
$$n_{II} = \frac{n_{I}}{i_{齿}} = \frac{320}{4.71} = 67.94 \, (r \cdot min^{-1})$$

滚筒轴
$$n_w = n_{II} = 67.94 \, (r \cdot min^{-1})$$

（2）各轴功率

I 轴
$$P_{I} = P_0 \eta_{带} = 4.92 \times 0.96 = 4.72 \, (kW)$$

II 轴
$$P_{II} = P_{I} \cdot \eta_{滚} \cdot \eta_{齿} = 4.72 \times 0.995 \times 0.97 = 4.55 \, (kW)$$

滚筒轴
$$P_W = P_{II} \cdot \eta_{滚} \cdot \eta_{联} = 4.55 \times 0.995 \times 0.98 = 4.43 \, (kW)$$

（3）各轴扭矩

电动机
$$T_0 = 9\,550 \times \frac{P_0}{n_m} = 9\,550 \times \frac{4.92}{960} = 48.94 \, (N \cdot m)$$

I 轴
$$T_{I} = 9\,550 \times \frac{P_{I}}{n_{I}} = 9\,550 \times \frac{4.72}{320} = 140.86 \, (N \cdot m)$$

II 轴
$$T_{II} = 9\,550 \times \frac{P_{II}}{n_{II}} = 9\,550 \times \frac{4.55}{67.94} = 639.57 \, (N \cdot m)$$

滚筒轴
$$T_W = 9\,550 \times \frac{P_W}{n_w} = 9\,550 \times \frac{4.43}{67.94} = 622.70 \, (N \cdot m)$$

为了方便下一阶段的设计计算，将以上算得的运动和动力参数列表，见表 10-1。

表 10-1　　　　　　　　　　动力参数计算结果

参数	电动机轴	I	II	滚筒轴
转速 $n/(r \cdot min^{-1})$	960	320	67.94	67.94
功率 P/kW	4.92	4.72	4.55	4.43
扭矩 $T/(N \cdot m)$	48.94	140.86	639.57	622.70
传动比 i	3.00	4.71	1.00	
效率 η	0.96	0.965	0.975	

|10.2.2　传动件的设计计算|

传动件的设计计算包括设计计算各级传动件的参数和主要尺寸，以及选择联轴器的类型和型号等。

1. 带传动的设计计算

为了使减速器设计的原始条件比较准确，首先进行减速器箱体外传动零件的设计。

根据已有设计数据，参照 V 带传动设计办法，可得如下设计结果（设计具体过程略）。

传动带：B 型 V 带，$z = 3$，基准长度 $L_d = 2\,800\text{mm}$。

带轮：小带轮采用实心式结构，$d_{d1} = 140\text{mm}$，大带轮采用腹板式结构，$d_{d2} = 400\text{mm}$，两轮材料均用铸铁 HT200，轮槽尺寸按 GB/T 13575—1992 确定。

两轮中心距 $a \approx 985\text{mm}$，轴上压力 $Q = 1\,516\text{ N}$。

2. 减速器齿轮传动设计计算

由于该传动载荷不大，结构尺寸没有特殊要求，为了方便加工，采用软齿面齿轮传动。根据已有设计数据，参照直齿圆柱齿轮传动的设计方法，获得如下设计结果（设计具体过程略）。

小轮：45 号钢调质，220HBS，$z_1 = 27$，$m = 2.5\text{mm}$，$b_1 = 85\text{mm}$，采用齿轮轴结构，其余几何尺寸略。

大轮：45 号钢调质，190HBS，$z_2 = 133$，$m = 2.5\text{mm}$，$b_1 = 85\text{mm}$，采用腹板式结构，其余几何尺寸略。

齿轮传动精度等级取为 8 级，采用浸油润滑。

3. 输出轴联轴器选择

由于输出轴转速较低，为了便于安装，选择滑块联轴器。根据轴上计算载荷的大小，由设计手册确定选用 KL7 型号，额定转矩 900N·m，轴孔直径为 40～55mm。

10.2.3　减速器装配图设计

装配图是表达减速器的整体结构，各零件的相互关系、位置、形状和尺寸的图样，也是进行机器装配、调试及维护的技术依据。

装配图设计所涉及的内容较多，它要综合考虑工作要求、材料、强度、刚度、加工、装拆、调整、润滑和维护等多方面因素。因此，往往要边分析计算，边画草图，边修改，直至趋于合理后，完成装配图。鉴于上述原因，为了保证装配图的设计质量，初次设计时，应先在草图纸上绘制装配草图（或用细线在图纸上轻画装配草图）。经设计中的不断修改完善，检查无误后，再在图纸上重新绘制正式的装配图（或在细线装配草图上加深）。

减速器装配图设计过程一般有以下几个阶段。

（1）准备阶段。

（2）初绘装配草图及进行轴系零件的计算。

（3）减速器轴系部件的结构设计。

（4）减速器箱体和附件的设计。

（5）完成装配工作图。

当然各阶段不是绝对分开的，会有交叉和反复。在进行某些零件设计时，可能会对前面已完成的设计做必要的修改。

1. 装配草图设计的准备阶段

在绘制装配草图前应做好以下准备工作。

（1）通过参观、装拆实际减速器或翻阅有关资料，熟悉减速器的结构，明确所设计的减速器都有哪些零部件，以及它们之间的关系和位置如何，做到心中有数。

（2）检查和汇总已计算完成的有关绘制装配草图所必需的技术数据。

① 电动机有关尺寸，如中心高、输出轴的轴径、轴伸出长度等；

② 联轴器型号、半联轴器毂孔长度、毂孔直径以及有关安装尺寸要求；

③ 传动零件的中心距、分度圆直径、齿顶圆直径以及齿宽。

（3）初选滚动轴承类型及轴的支承形式（两端固定或一端固定一端游动等）。

（4）箱体的结构方案（剖分式或整体式）。

（5）选定图纸幅面及绘图比例。装配图应用 A0 或 A1 图纸绘制，并尽量采用 1∶1 或 1∶2 的比例尺绘图。

2. 初步绘制减速器装配草图（第一阶段）

这一阶段的主要任务是：确定各传动件之间及与箱体内壁的相对位置；进行轴的结构设计及初选轴承型号，确定轴的跨距及轴上所受各力作用点的位置；对轴、轴承及键连接进行校核计算。

画草图时，由箱内的传动件画起，逐步向外画，内外兼顾。先以确定零件的轮廓为主，对细部结构可先不画。以一个视图为主，兼顾其他视图。

3. 完成装配草图阶段（第二阶段）

这一阶段的主要任务是对减速器的轴系部件进行结构细化设计，并完成减速器箱体及其附件的设计。

进行本阶段的设计工作时，应先主件后附件，先轮廓后细部，并同时在 3 个视图上交错绘图。

4. 减速器装配图的完成（第三阶段）

本阶段是在装配草图设计的基础上进行的，其最终结果是提供生产装配用的、正式的、完整的装配工作图，是完成装配图的最后阶段。完整的装配工作图应包括表达减速器结构的各个视图、主要尺寸和配合、技术特性和技术要求、零件编号、零件明细栏和标题栏等。装配图上避免用细虚线表达零件结构，必须表达的内部结构或某些附件的结构，可采用局部视图或局部剖视图加以表示。图 10-5 所示为本减速器实例的装配图（附后页）。

10.2.4　减速器零件工作图的设计

零件工作图是零件制造、检验和制定工艺规程的基本技术文件，它既要反映设计的意图又要考虑制造的可行性和合理性。减速器零件图包括传动零件工作图、箱体、轴承盖等非标准零件的工作图。（略）

| 10.2.5　编写设计说明书 |

设计说明书是设计计算的整理和总结，是图样设计的理论依据，也是审核设计的重要技术文件。设计说明书应围绕力学计算、材料选择、机械设计、公差选择等内容展开，包括设计课题说明、有关分析、计算、结构确定的说明、小结、参考资料等内容。（略）

典型机械传动装置设计可分为以下几个步骤：设计准备工作；传动装置总体设计；传动件的设计计算；装配图草图的绘制（结构设计，校核轴、轴承等）；装配图的绘制；零件工作图的绘制；编写设计计算说明书等。

如图 10-6 所示，已知：运输带工作拉力 $F = 2\,000\text{N}$；运输带工作速度 $v = 1.8\text{m/s}$（允许运输带速度误差为±5%）；滚筒直径 $D = 450\text{mm}$；两班制，连续单向运转，载荷轻微冲击；工作年限 5 年；环境最高温度 35℃；小批量生产。

试根据所学内容，完成以下工作。

（1）减速器装配图 1 张。

（2）零件工作图两张（从动轴、齿轮）。

（3）设计说明书 1 份。

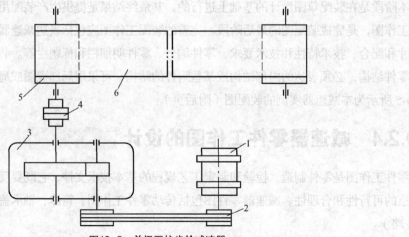

图10-6　单级圆柱齿轮减速器

1—电动机；2—带传动；3—减速器；4—联轴器；5—滚筒；6—传送带

参考文献

［1］张京辉. 机械设计基础［M］. 西安：西安电子科技大学出版社，2005.

［2］王少岩，史蒙，罗玉福. 机械设计基础［M］. 大连：大连理工大学出版社，2004.

［3］周家泽. 机械基础［M］. 西安：西安电子科技大学出版社，2004.

［4］陈立德. 机械设计基础［M］. 北京：高等教育出版社，2000.

［5］徐锦康. 机械设计（上、下册）［M］. 北京：高等教育出版社，2001.

［6］黄森彬. 机械设计基础［M］. 北京：机械工业出版社，2001.

［7］杨可桢，程光蕴. 机械设计基础［M］. 第4版. 北京：高等教育出版社，1999.

［8］邱宣怀. 机械设计［M］. 第4版. 北京：高等教育出版社，1997.

［9］濮良贵，纪名刚. 机械设计［M］. 第7版. 北京：高等教育出版社，2000.

［10］申永胜. 机械原理教程［M］. 北京：清华大学出版社，1999.

［11］董玉平. 机械设计基础［M］. 北京：机械工业出版社，2001.

［12］陈立德. 机械基础课程设计指导书［M］. 北京：高等教育出版社，2000.

［13］吴宗泽，罗全国. 机械设计课程设计手册［M］. 第2版. 北京：高等教育出版社，1999.

［14］王少岩. 机械设计基础实训指导书［M］. 大连：大连理工大学出版社，2004.

［15］赵冬梅. 机械设计基础［M］. 西安：西安电子科技大学出版社，2004.

参考文献

[1] 张毅坤. 单片微型计算机原理[M]. 西安：西安电子科技大学出版社，2005.

[2] 王幸之，等. 单片机应用系统抗干扰技术[M]. 北京：北京航空航天大学出版社，2004

[3] 胡汉才. 单片机原理及其接口技术[M]. 北京：清华大学出版社，2004

[4] 陈立周. 单片机技术及应用[M]. 北京：科学出版社，2000

[5] 张毅刚，等. 单片机原理及应用[M]. 北京：高等教育出版社，2001.

[6] 黄茂林. 机械设计基础[M]. 北京：机械工业出版社，2001.

[7] 邱阳源. 机械设计基础[M]. 第4版. 北京：高等教育出版社，1998

[8] 李育锡. 机械设计[M]. 北京：高等教育出版社，1997.

[9] 濮良贵. 机械设计[M]. 第7版. 北京：高等教育出版社，2000.

[10] 申永胜. 机械原理教程[M]. 北京：清华大学出版社，1999

[11] 孙桓. 机械原理基础[M]. 北京：机械工业出版社，2001.

[12] 陈小荣. 机械基础课程设计指导书[M]. 北京：高等教育出版社，2000

[13] 吴宗泽. 机械设计课程设计手册[M]. 第2版. 北京：高等教育出版社，1999

[14] 王少林. 机械原理与机械设计[M]. 大连：大连理工大学出版社，2004

[15] 杨振铉. 机械设计基础[M]. 西安：西安电子科技大学出版社，2001.